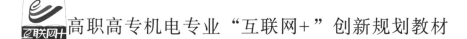高职高专机电专业"互联网+"创新规划教材

机械制图——基于工作过程实训
（第三版）

主　编　袁淑玲　徐连孝　郑　睿
副主编　吴　克　高　庆
主　审　肖国涛

北京大学出版社
PEKING UNIVERSITY PRESS

内 容 简 介

本书包括6个学习模块：机械图样的认知与实践实训，绘制平面图形实训，绘制几何体的三视图实训，零件图绘制与识读实训，装配图识读、绘制与拆画零件图实训，零、部件测绘实训。在每个学习模块中包含若干个实训任务，每个实训任务均按照实训名称、实训内容、实训目的、实训要求和实训提示等内容进行编写。

本书可作为高职高专机械类和近机械类各专业的通用教材，也可供有关工程技术人员使用或参考。

图书在版编目(CIP)数据

机械制图：基于工作过程实训/袁淑玲，徐连孝，郑睿主编. —3版. —北京：北京大学出版社，2021.11

高职高专机电专业"互联网+"创新规划教材

ISBN 978-7-301-32678-7

Ⅰ. ①机… Ⅱ. ①袁… ②徐… ③郑… Ⅲ. ①机械制图—高等职业教育—教材 Ⅳ. ①TH126

中国版本图书馆 CIP 数据核字(2021)第 216642 号

书　　　名	机械制图——基于工作过程实训（第三版） JIXIE ZHITU——JIYU GONGZUO GUOCHENG SHIXUN (DI-SAN BAN)
著作责任者	袁淑玲　徐连孝　郑　睿　主编
策划编辑	于成成　刘健军
责任编辑	于成成　刘健军
数字编辑	蒙俞材
标准书号	ISBN 978-7-301-32678-7
出版发行	北京大学出版社
地　　　址	北京市海淀区成府路205号　100871
网　　　址	http://www.pup.cn　新浪微博：@北京大学出版社
电子信箱	pup_6@163.com
电　　　话	邮购部 010-62752015　发行部 010-62750672　编辑部 010-62750667
印　刷　者	大厂回族自治县彩虹印刷有限公司
经　销　者	新华书店
	787毫米×1092毫米　16开本　6印张　144千字 2011年2月第1版　2015年9月第2版 2021年11月第3版　2021年11月第1次印刷
定　　　价	30.00元

未经许可，不得以任何方式复制或抄袭本书之部分或全部内容。
版权所有，侵权必究
举报电话：010-62752024　电子信箱：fd@pup.pku.edu.cn
图书如有印装质量问题，请与出版部联系，电话：010-62756370

第三版前言

本书为徐连孝、郑睿、袁淑玲主编的《机械制图——基于工作过程》(第三版)教材的配套实训习题集。本书以培养高等职业院校学生识图能力、绘图能力、零、部件测绘能力为主要目标,在大量机械图样中选取难易适中、具有典型代表性的图例编写而成。

本书的特点主要包括如下几点。

(1) 按照高等职业教育培养目标和特点,突出"机械制图"课程的实践性、实用性,培养学生识图和绘图的实践能力。

(2) 与教材中各模块的任务紧密响应,具有典型性和丰富性,针对教材中的知识点有的放矢。

(3) 注重培养自主学习的能力。每个实训任务均有配套模型及 VR/AR 技术制作的动画资源,并对有一定难度的实践项目模型进行旋转、剖切等处理,使学生在进行绘图实践时能够用电子设备扫描书中二维码自主学习和解决学习中的问题。

本书由山东信息职业技术学院袁淑玲、徐连孝、郑睿主编,山东信息职业技术学院吴克、高庆副主编,山东信息职业技术学院肖国涛主审。全书由郑睿负责统稿,袁淑玲、徐连孝负责定稿。

在近 3 年的教学改革与教材的编写过程中,我们得到了山东信息职业技术学院各级领导与同事的大力支持,特别是山东信息职业技术学院教务处张伟处长对教材编写内容安排提出了宝贵的建议,并大力支持"机械制图"课程进行教学改革。山东信息职业技术学院数字媒体系袁永美主任,庞晓晨、董文观老师及有关企业领导和企业一线技术人员为本书出版提供技术支持,在此一并表示衷心感谢!

本书配有安卓手机版的 3D 虚拟仿真教学资源,扫描下方的二维码关注公众号"山东信院数媒系"回复"机械制图教学资源"即可下载 app,利用 app 扫描书中二维码使用相关电子资源。

由于编者水平有限,书中难免存在疏漏和不妥之处,恳请读者批评指正。

编　者

2020 年 11 月

【公众号"山东信院数媒系"】

目录

模块 1　机械图样的认知与实践实训 ……………………………………………………… 1
　任务 1.1　机用虎钳机械图样的认知与实践实训 …………………………………………… 1

模块 2　绘制平面图形实训 ………………………………………………………………… 3
　任务 2.1　绘制垫圈实训 ……………………………………………………………………… 3
　任务 2.2　绘制几何图形实训 ………………………………………………………………… 7
　任务 2.3　绘制钩头楔键实训 ………………………………………………………………… 8
　任务 2.4　绘制手柄、吊钩、挂轮架实训 …………………………………………………… 10
　任务 2.5　徒手绘制垫圈草图实训 …………………………………………………………… 14

模块 3　绘制几何体的三视图实训 ………………………………………………………… 16
　任务 3.1　绘制简单几何体的三视图实训 …………………………………………………… 16
　任务 3.2　绘制基本几何体的三视图实训 …………………………………………………… 17
　任务 3.3　绘制组合几何体的三视图实训 …………………………………………………… 18
　任务 3.4　绘制轴承座轴测图实训 …………………………………………………………… 23

模块 4　零件图绘制与识读实训 …………………………………………………………… 26
　任务 4.1　绘制轴承盖零件图实训 …………………………………………………………… 26
　任务 4.2　绘制蜗杆轴零件图实训 …………………………………………………………… 37
　任务 4.3　绘制叉架类零件图实训 …………………………………………………………… 50
　任务 4.4　绘制箱体类零件图实训 …………………………………………………………… 55

模块 5　装配图识读、绘制与拆画零件图实训 …………………………………………… 67
　任务 5.1　识读滑动轴承装配图实训 ………………………………………………………… 67
　任务 5.2　绘制装配图实训 …………………………………………………………………… 70
　任务 5.3　由球阀装配图拆画零件图实训 …………………………………………………… 76

模块 6　零、部件测绘实训 ………………………………………………………………… 77
　任务 6.1　测绘齿轮泵泵体实训 ……………………………………………………………… 77
　任务 6.2　测绘圆钻模实训 …………………………………………………………………… 84

参考文献 ……………………………………………………………………………………… 90

模块 1

机械图样的认知与实践实训

任务 1.1　机用虎钳机械图样的认知与实践实训

1. 实训名称

绘制垫圈（一）零件图。

2. 实训内容

垫圈（一）零件图与轴测图如图 1.1 所示。

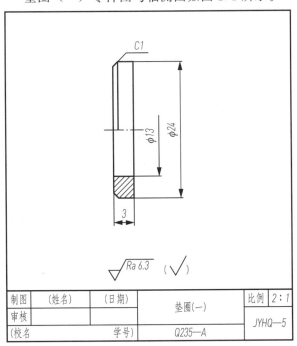
(a) 零件图

(b) 轴测图

图 1.1　垫圈（一）零件图与轴测图

3. 实训目的

(1) 初步掌握绘图工具和仪器的正确使用方法。

(2) 增加对实践课的感性认识。

4. 实训要求

(1) 参照教材 1.1.2 任务指导,初步了解垫圈零件。

(2) 用 A4 幅面的图纸,竖放,抄画垫圈(一)零件图。

(3) 树立严肃认真、一丝不苟的工作作风和良好的绘图习惯。

5. 实训提示

(1) 绘制图形底稿时,建议采用 H 或 2H 铅笔,削成尖锐的圆锥形;描黑底稿时,建议采用 B 或 2B 铅笔,削成扁铲形;写字、画箭头时,建议采用 HB 铅笔。

(2) 汉字应写成长仿宋体。

模块 2

绘制平面图形实训

任务 2.1　绘制垫圈实训

2.1.1　绘制垫圈零件图

1. 实训名称

绘制垫圈零件图。

2. 实训内容

垫圈零件图与轴测图如图 2.1 所示。

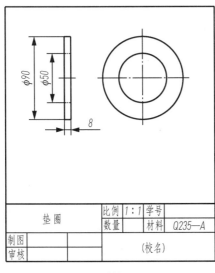

(a) 零件图

(b) 轴测图

图 2.1　垫圈零件图与轴测图

3. 实训目的

(1) 掌握绘图工具和仪器的正确使用方法，熟悉制图标准流程。

(2) 熟悉有关图幅及格式、比例、字体、图线的制图标准。

(3) 增加对实践课的感性认识。

4. 实训要求

(1) 用 A4 幅面的图纸，竖放，比例 1∶1，抄注尺寸。

(2) 遵守国家标准中图幅、比例、字体、图线、尺寸标注的有关规定。

(3) 树立严肃认真、一丝不苟的工作作风和良好的绘图习惯。

5. 实训提示

(1) 参照教材 2.1.2 任务指导。

(2) 建议采用 HB 铅笔。铅笔应从没有标号的一端开始使用，以便保留软硬的标号。

(3) 汉字应写成长仿宋体。

2.1.2 绘制图线

1. 实训名称

绘制图线。

2. 实训内容

绘制图线如图 2.2 所示。

3. 实训目的

(1) 熟悉有关图幅及格式、比例、字体、图线的制图标准。

(2) 掌握绘图工具和仪器的正确使用。

(3) 增加对实践课的感性认识。

4. 实训要求

(1) 用 A4 幅面的图纸，竖放，比例 1∶1，抄注尺寸。

(2) 遵守国家标准中图幅、比例、字体、图线、尺寸标注的有关规定，作图正确，线型规范，字体工整，连接光滑，图面整洁，不得任意变动。

(3) 同类图线全图粗细一致。

(4) 树立严肃认真、一丝不苟的工作作风和良好的绘图习惯。

5. 实训提示

(1) 鉴别图纸正反面后绘图。

(2) 用粗实线画出图框线及标题栏。

(3) 图面布置要均匀，作图要准确。

(4) 按图中所给尺寸画底图，然后按图线标准加深，抄注尺寸，最后加深图框线和

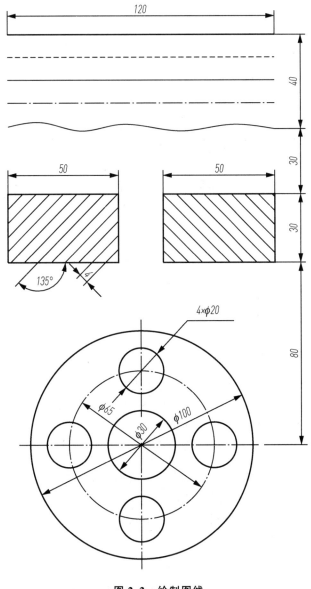

图 2.2 绘制图线

填写标题栏。

（5）尺寸数字用 3.5 号字书写。标题栏中图名、校名用 10 号字书写，其余用 5 号字书写，日期用阿拉伯数字书写。

2.1.3 使用合适比例绘图

1. 实训名称

使用合适比例绘图。

2. 实训内容

小轴零件图如图 2.3 所示。

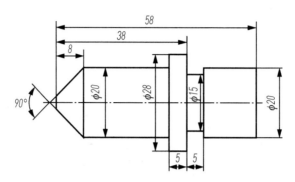

图 2.3 小轴零件图

3. 实训目的

(1) 采用合适的比例绘制小轴零件图。
(2) 贯彻国家标准规定的尺寸注法。

4. 实训要求

(1) 用 A4 幅面的图纸，竖放，比例 2∶1，抄注尺寸。
(2) 符合国家制图标准中关于比例、线性尺寸和角度尺寸标注的有关规定。
(3) 全图中箭头大小一致、同类图线粗细一致。

5. 实训提示

(1) 如图 2.3 所示，因小轴的尺寸较小，为清晰反映出小轴形状和尺寸标注，可采用 2∶1 的比例作图，小轴作图步骤见表 2-1。
(2) 线性尺寸按放大的倍数绘制，角度按原数值绘制。
(3) 抄注全部尺寸。
(4) 按要求填写标题栏。

表 2-1 小轴作图步骤

步骤与方法	图 例
1. 作基准线 作出轴向基准线 A 和径向基准线 B	

续表

步骤与方法	图 例
2. 截取线性尺寸（线性尺寸均乘以 2） 采用 2∶1 比例绘制此图，在基准线上分别截取标注尺寸 2 倍的长度方向尺寸 8mm、38mm、58mm、5mm、5mm 和径向尺寸 ϕ20mm、ϕ28mm、ϕ15mm、ϕ20mm	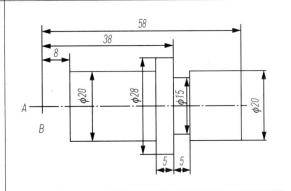
3. 截取角度尺寸 过 C、D 点作两条斜线，与基准线 A 分别成 45°夹角，并交基准线 B 于 E、F 两点	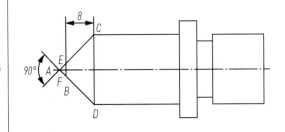
4. 检查，按规定线型加深图线，标注尺寸数字 注意： （1）线性尺寸数字一般注写在尺寸线的上方或左侧。 （2）当轴线与尺寸数字相交时，应将轴线断开。 （3）角度的数字一律水平方向书写。 （4）角度的数字应写在尺寸线的中断处，必要时允许写在外面或引出标注	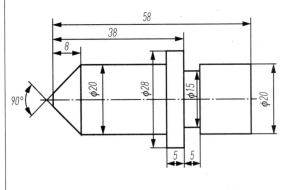

任务 2.2 绘制几何图形实训

1. 实训名称

几何作图。

2. 实训内容

几何图形如图 2.4 所示。

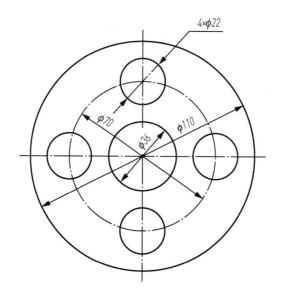

图 2.4　几何图形

3．实训目的

（1）掌握等分作图，熟悉制图标准流程。

（2）熟悉有关图幅及格式、比例、字体、图线的制图标准。

（3）增加对实践课的感性认识。

4．实训要求

（1）用 A4 幅面的图纸，竖放，比例 1∶1，抄注尺寸。

（2）遵守国家标准中图幅、比例、字体、图线、尺寸标注的有关规定。

（3）树立严肃认真、一丝不苟的工作作风和良好的绘图习惯。

5．实训提示

（1）参照教材 2.2.2 任务指导。

（2）建议采用 HB 铅笔。铅笔应从没有标号的一端开始使用，以便保留软硬的标号。

（3）汉字应写成长仿宋体。

任务 2.3　绘制钩头楔键实训

1．实训名称

绘制钩头楔键。

2．实训内容

钩头楔键轴测图与零件图如图 2.5 所示。

模块2 绘制平面图形实训

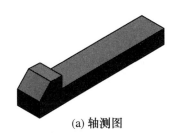
(a) 轴测图

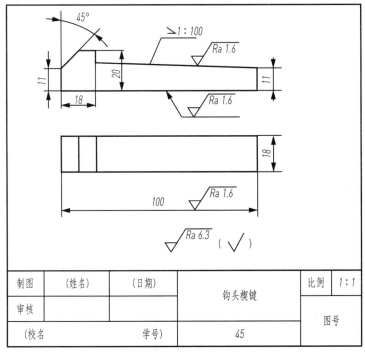
(b) 零件图

图 2.5 钩头楔键轴测图与零件图

3. 实训目的

(1) 掌握斜度的画法及标注。
(2) 增加对实践课的感性认识。

4. 实训要求

(1) 用 A4 幅面的图纸，竖放，比例 1∶1，抄注尺寸。
(2) 遵守国家标准中图幅、比例、字体、图线、尺寸标注的有关规定。
(3) 树立严肃认真、一丝不苟的工作作风和良好的绘图习惯。

5. 实训提示

(1) 参照教材 2.3.2 任务指导。
(2) 在图样上标注斜度符号时，斜度符号的斜边应与图中斜线的倾斜方向一致。
(3) 斜度标注一般采用引出标注。

任务 2.4　绘制手柄、吊钩、挂轮架实训

2.4.1　绘制手柄零件图

1. 实训名称

绘制手柄零件图。

2. 实训内容

手柄轴测图与零件图如图 2.6 所示。

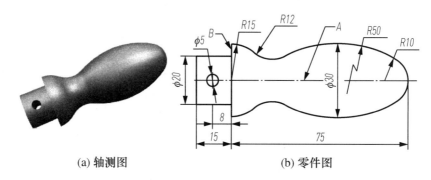

(a) 轴测图　　　　　　　　　　(b) 零件图

图 2.6　手柄轴测图与零件图

3. 实训目的

(1) 熟悉制图标准流程，掌握相关知识。
(2) 掌握平面图形的作图方法和步骤。
(3) 掌握圆弧连接的作图方法。
(4) 贯彻国家标准规定的尺寸注法。
(5) 增加对实践课的感性认识。

4. 实训要求

(1) 用 A4 幅面的图纸，竖放，比例 1∶1，抄注尺寸。
(2) 遵守国家标准中的有关规定，全图中箭头大小一致、同类图线粗细应一致。

5. 实训提示

(1) 参照教材 2.4.2 任务指导。
(2) 作圆弧连接时，应准确求出连接弧的圆心和切点的位置，以便加深时用。

2.4.2　绘制吊钩零件图

1. 实训名称

绘制吊钩零件图。

2. 实训内容

吊钩轴测图与零件图如图 2.7 所示。

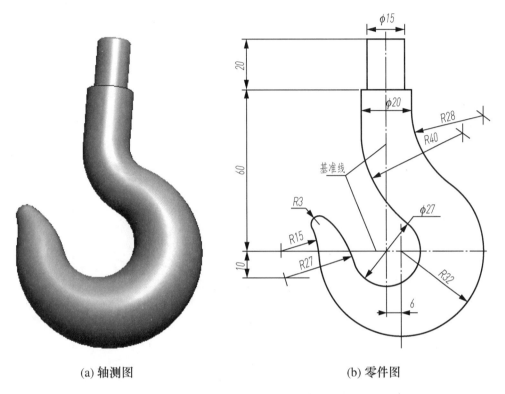

(a) 轴测图　　　　　　　　　　　(b) 零件图

图 2.7　吊钩轴测图与零件图

3. 实训目的

(1) 学习平面图形的尺寸和线段分析。

(2) 掌握圆弧连接的作图方法。

(3) 贯彻国家标准规定的尺寸注法。

4. 实训要求

(1) 用 A4 幅面的图纸，竖放，比例 1∶1，抄注尺寸。

(2) 分析尺寸和线段的性质，拟订出正确的绘图方法和步骤。

(3) 遵守国家标准中的有关规定，全图中箭头大小一致、同类图线粗细应一致。

5. 实训提示

(1) 参照教材 2.4.2 任务指导，熟悉制图标准流程。

(2) 按拟订的绘图步骤，先画已知线段，再画中间线段，最后画连接线段。

(3) 作圆弧连接时，应准确求出连接弧的圆心和切点的位置，以便加深时用。

(4) 底稿完成后应认真检查，然后按图线标准加深。

(5) 抄注全部尺寸。

(6) 按要求填写标题栏。

2.4.3 绘制挂轮架零件图

1. 实训名称

绘制挂轮架零件图。

2. 实训内容

挂轮架零件图如图 2.8 所示。

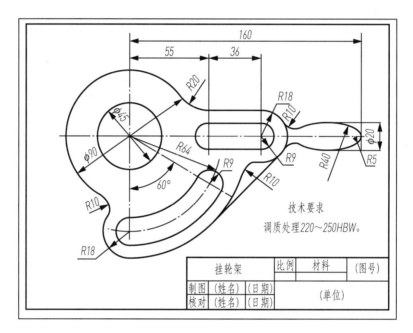

图 2.8 挂轮架零件图

3. 实训目的

(1) 掌握复杂平面图形的作图方法。
(2) 进一步熟悉制图标准流程。
(3) 树立严肃认真、一丝不苟的工作作风和良好的绘图习惯。

4. 实训要求

(1) 用 A3 幅面的图纸，横放，比例 1∶1，抄注尺寸。
(2) 符合国家制图标准的有关规定。

5. 实训提示

(1) 参照教材 2.4.2 任务指导，挂轮架作图步骤见表 2-2。
(2) 底稿完成后应认真检查，然后按图线标准加深。

模块2 绘制平面图形实训

表 2-2 挂轮架作图步骤

步 骤	方 法	图 例
1. 绘制图框线、标题栏 2. 绘制基准线 3. 绘制中心圆盘	选取 φ45 圆的横中心线和竖中心线作为基准线 画 φ45 圆和 φ90 圆弧	
4. 绘制长圆孔部分	（1）画长圆孔两个半圆的中心线。 （2）画长圆孔的轮廓线。 （3）画 R18 圆弧及上、下横线。 （4）画上横线与 φ90 圆弧间的 R20 连接弧	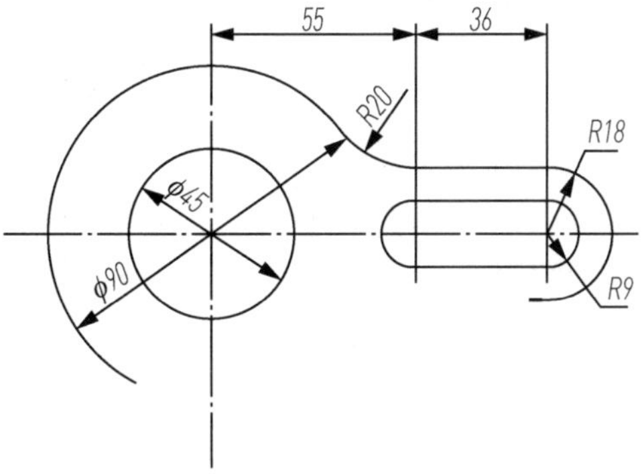
5. 绘制弧形孔部分	（1）画两个 R9 圆弧的中心线。 （2）画两端 R9 圆弧。 （3）画 R9 圆弧的连接弧。 （4）画 R18 圆弧。 （5）画 R18 圆弧的右侧连接弧。 （6）画两侧 R10 连接弧及右下切线	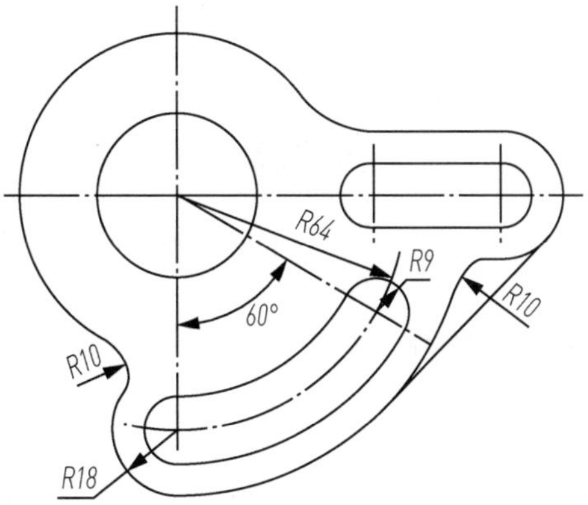

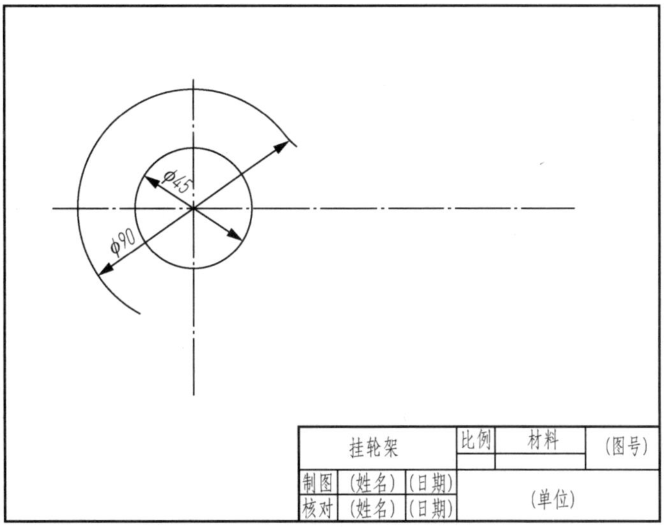

步 骤	方 法	图 例
6. 绘制手柄	（1）画 R5 圆弧。 （2）画 R40 圆弧。 （3）画 R10 连接弧	
7. 校核、描粗 8. 标注尺寸 9. 填写标题栏、技术要求	描粗前检查各部分图线，擦除多余的作图线	

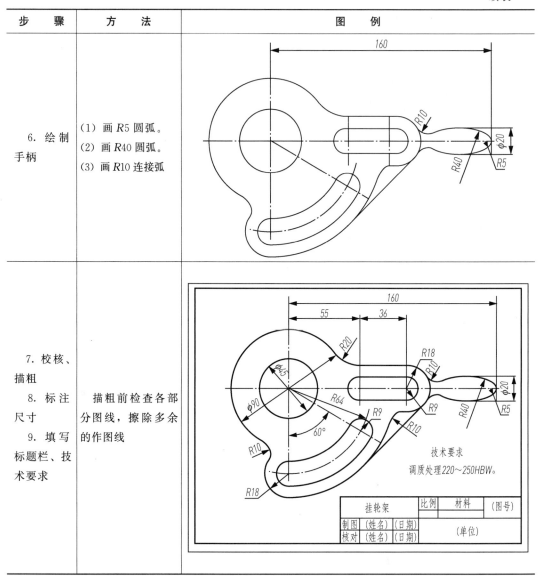

任务 2.5　徒手绘制垫圈草图实训

1. 实训名称

徒手绘制垫圈草图。

2. 实训内容

垫圈零件图如图 2.1（a）所示。

3．实训目的

(1) 掌握徒手绘制直线的方法。

(2) 掌握徒手绘制圆和圆弧的方法。

(3) 掌握徒手绘制草图的准确性与规范性。

4．实训要求

(1) 用 A4 幅面的图纸徒手绘制草图。

(2) 草图上的线条要粗细分明、基本平直、方向正确，长短大致符合比例，线型符合国家标准。

(3) 树立严肃认真、一丝不苟的工作作风和良好的绘图习惯。

5．实训提示

(1) 参照教材 2.5.2 任务指导。

(2) 建议采用 2H、2B 铅笔。铅笔应从没有标号的一端开始使用，以便保留软硬的标号。

(3) 汉字应写成长仿宋体。

模块 3

绘制几何体的三视图实训

任务 3.1　绘制简单几何体的三视图实训

1. 实训名称

补画三视图。

2. 实训内容

主视图和轴测图如图 3.1 所示，补画俯视图和左视图。

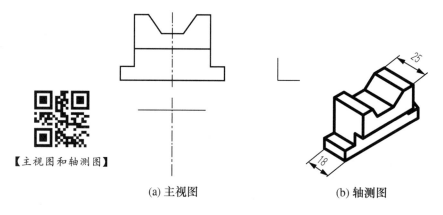

【主视图和轴测图】

　　　(a) 主视图　　　　　　　　(b) 轴测图

图 3.1　主视图和轴测图

3. 实训目的

(1) 了解投影的概念，正投影的基本特性。
(2) 掌握三视图的形成原理和投影规律。
(3) 建立空间思维概念。

4. 实训要求

(1) 根据立体图及图上的尺寸和给出的视图，画出其余两视图。
(2) 画图要正确、完整、清晰。

5．实训提示

（1）参照教材 3.1.2 任务指导，熟悉制图标准流程。

（2）掌握三投影面体系的建立及展开。

（3）OY 轴被分为两处，分别用 OY_H 和 OY_W 表示。

（4）注意三视图的位置关系。

（5）三视图应符合"三等"规律。

（6）注意视图与物体的方位关系。

（7）底稿完成后应认真检查，然后按图线标准加深。

任务 3.2　绘制基本几何体的三视图实训

1．实训名称

绘制基本几何体的三视图。

2．实训内容

物体轴测图如图 3.2 所示。

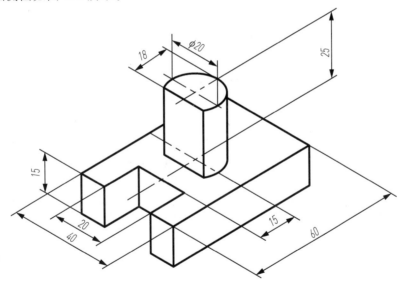

图 3.2　物体轴测图

3．实训目的

（1）掌握基本几何体的投影特性和作图方法及在立体表面上取点的方法。

（2）掌握截交线和相贯线的性质及作图过程。

（3）掌握基本体、截断体和相贯体的尺寸标注。

（4）贯彻国家标准规定的尺寸注法。

4．实训要求

（1）用 A4 幅面的图纸，比例 1∶1，根据轴测图画出三视图，并标注尺寸。

（2）正确绘制基本体、截断体和相贯体的三视图。

（3）尺寸标注要正确、完整、清晰、布局合理。

（4）遵守国家标准中的有关规定，全图中箭头大小一致、同类图线粗细应一致。

5．实训提示

（1）参照教材 3.2.2 任务指导，熟悉制图标准流程。

（2）基本几何体的投影特性。

（3）四心法画椭圆，即用 4 段圆弧连接起来的图形近似代替椭圆。

（4）底稿完成后应认真检查，然后按图线标准加深。

任务 3.3 绘制组合几何体的三视图实训

3.3.1 轴承座尺寸标注

1．实训名称

轴承座尺寸标注。

2．实训内容

轴承座三视图及尺寸标注如图 3.3 所示。

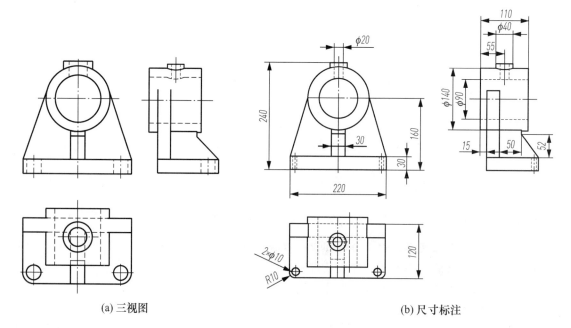

(a) 三视图　　　　　　　　　　　　　　　　　(b) 尺寸标注

图 3.3 轴承座三视图及尺寸标注

3. 实训目的

(1) 掌握组合几何体的组合形式、表面连接关系、形体分析法。

(2) 掌握组合几何体视图的识读、尺寸标注。

(3) 贯彻国家标准规定的尺寸注法。

4. 实训要求

(1) 用 A3 幅面的图纸，比例 1∶2，画出三视图。

(2) 在图 3.3(a) 所示的轴承座三视图上标注尺寸，如图 3.3(b) 所示。

(3) 尺寸标注要正确、完整、清晰、布局合理。

(4) 遵守国家标准中的有关规定，全图中箭头大小一致、同类图线粗细应一致。

5. 实训提示

(1) 参照教材 3.3.2 任务指导。

(2) 尺寸标注首先要确定组合几何体中各基本几何体的形状和大小，先标注基本几何体，后根据基准合并尺寸。

(3) 轴承座尺寸标注的步骤见表 3-1。

(4) 注意以下问题。

① 与两视图相关的尺寸，最好注在两视图之间，以保持视图间的联系。长度尺寸尽量标注在主、俯视图之间；宽度尺寸尽量标注在俯、左视图之间；高度尺寸尽量标注在主、左视图之间。

② 尺寸应标注在表达形状特征最明显的视图上。

③ 同一尺寸只能标注一次，不能重复。

表 3-1　轴承座尺寸标注的步骤

标注的步骤	图　　例
1. 选择尺寸基准 根据其结构特点，长度方向以左右对称面为基准，高度方向以底面为基准，宽度方向以后面为基准	

续表

标注的步骤	图 例
2. 标注圆筒的尺寸	
3. 标注底板的尺寸	
4. 标注支承板的尺寸	

续表

标注的步骤	图　例
5. 标注肋板的尺寸	
6. 标注定位尺寸 从 3 个基准出发，标注确定底板、支承板、圆筒和肋板相对位置的尺寸	
7. 标注总体尺寸，并核对、调整布局	

3.3.2 绘制轴承座的三视图

1. 实训名称

绘制轴承座的三视图。

2. 实训内容

参照轴承座轴测图（图3.4），绘制轴承座的三视图。

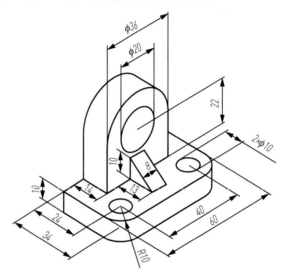

图 3.4　轴承座轴测图

3. 实训目的

(1) 掌握组合几何体的组合形式、表面连接关系、形体分析法。
(2) 掌握组合几何体视图的画法、识读、尺寸标注。
(3) 贯彻国家标准规定的尺寸注法。

4. 实训要求

(1) 用A4幅面的图纸，比例1∶1，根据轴测图（标有尺寸的立体图）绘制三视图，并标注尺寸。
(2) 尺寸标注要正确、完整、清晰、布局合理。
(3) 遵守国家标准中的有关规定，全图中箭头大小一致、同类图线粗细应一致。

5. 实训提示

(1) 用形体分析法正确分析组合几何体的组合形式和表面连接关系。
(2) 尺寸标注首先要确定组合几何体中各基本几何体的形状和大小，先标注基本几何体，后根据基准合并尺寸。
(3) 参照教材3.3.2任务指导。
(4) 底稿完成后应认真检查，然后按图线标准加深。

任务 3.4　绘制轴承座轴测图实训

3.4.1　绘制切割体正等轴测图

1. 实训名称

绘制切割体正等轴测图。

2. 实训内容

用切割法画立体正等轴测图如图 3.5 所示。

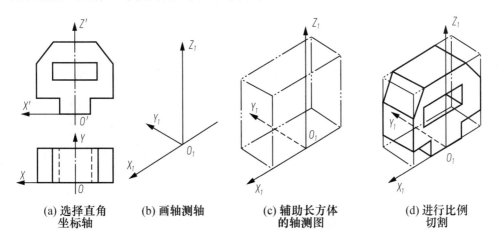

图 3.5　用切割法画立体正等轴测图

3. 实训目的

（1）了解绘制轴测图的基本知识。

（2）掌握正等轴测图切割法的画法。

（3）熟练用切割法绘制轴测图。

4. 实训要求

根据三视图画出正等轴测图。

5. 实训提示

（1）参照教材 3.4.2 任务指导及图 3.5 的作图步骤，熟悉制图标准流程。

（2）注意正等轴测图的轴间角和轴向伸缩系数。在画正等轴测图时，如不特别指明，均按简化的轴向伸缩系数作图。

（3）作图步骤如下。

① 设置主、俯视图的直角坐标轴。由于物体对称，为作图方便，选择直角坐标轴如图 3.5(a) 所示。

② 画轴测轴，如图 3.5(b) 所示，这种轴测轴的选择方法是为了将物体的特征面放

在前面。

③ 根据主、俯视图的总长、总宽、总高作出辅助长方体的轴测图，如图 3.5(c) 所示。

④ 在平行于轴测轴方向上按题意进行比例切割，如图 3.5(d) 所示。

⑤ 擦去多余的线，整理描深完成轴测图。

3.4.2 绘制斜二等轴测图

1. 实训名称

绘制斜二等轴测图。

2. 实训内容

绘制斜二等轴测图如图 3.6 所示。

【斜二等轴测图】

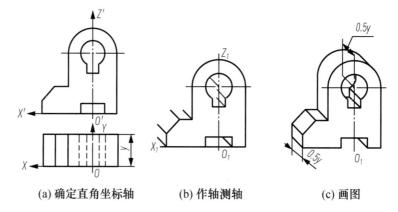

(a) 确定直角坐标轴　　(b) 作轴测轴　　(c) 画图

图 3.6　绘制斜二等轴测图

3. 实训目的

(1) 了解绘制斜二等轴测图的基本知识。

(2) 掌握斜二等轴测图的画法。

(3) 熟练绘制斜二等轴测图。

4. 实训要求

根据三视图绘制斜二等轴测图。

5. 实训提示

(1) 根据视图可以看出，此形体平行于正面（XOZ 面）的方向上具有较多的圆或圆弧。如果画正等轴测图，就要画很多椭圆，作图烦琐。如果用斜二等轴测图来表达，就会极大地简化作图。

(2) 参照斜二等轴测图的画法，熟悉制图标准流程。

(3) 在斜二等轴测图中，$O_1X_1 \perp O_1Z_1$，O_1Y_1 轴与 O_1X_1 轴、O_1Z_1 轴的夹角均为 135°，3 个轴向伸缩系数分别为 $p_1=r_1=1$，$q_1=0.5$。

(4) 绘制图 3.6 所示形体的斜二等轴测图，步骤见表 3-2。

表 3-2　斜二等轴测图的绘图步骤

绘图步骤	图　例
1. 确定直角坐标轴	
2. 作轴测轴，将形体上各平面分层定位，并画出各平面的对称线、中心线，再画主要平面的形状	
3. 画各层主要部分形状和各细节及孔洞的可见部分形状	
4. 擦去多余图线，加深轮廓线	

模块 4

零件图绘制与识读实训

任务 4.1 绘制轴承盖零件图实训

4.1.1 绘制法兰盘零件图

1. 实训名称

绘制法兰盘零件图。

2. 实训内容

法兰盘零件图如图 4.1 所示。

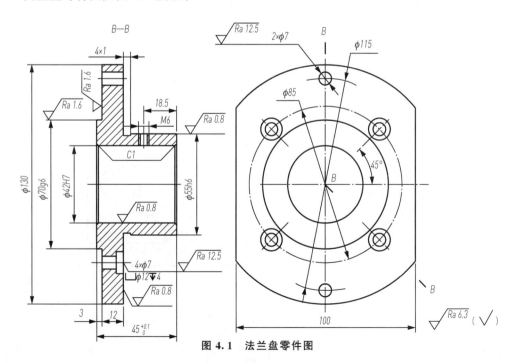

图 4.1 法兰盘零件图

3. 实训目的

(1) 掌握全剖视图的适用范围、画法及标注方法。

(2) 掌握盘盖类零件图的表达方法。

(3) 掌握零件图的尺寸标注。

(4) 掌握零件图的常见工艺结构。

(5) 掌握表面粗糙度在零件图上的标注方法。

(6) 掌握如何阅读法兰盘零件图。

4. 实训要求

在图纸上按标注尺寸抄画法兰盘零件图,并读零件图。

5. 实训提示

(1) 参照教材4.1.2任务指导、读图举例,熟悉制图、读图标准流程。

(2) 注意相交的剖切面。

(3) 标题栏参照教材4.1.2任务指导。

(4) 图框、线型、字体等应符合规定,图面布局要恰当。

4.1.2 盘盖类零件综合实训

1. 实训名称

绘制端盖、圆盖、球阀阀盖、齿轮泵泵盖零件图。

2. 实训内容

(1) 端盖零件图及轴测图如图4.2所示。

(2) 圆盖零件图及轴测图如图4.3所示。

(3) 球阀阀盖零件图及轴测图如图4.4所示。

(4) 齿轮泵泵盖零件图、轴测图及齿轮泵轴测图如图4.5所示。

3. 实训目的

(1) 强化训练绘制盘盖类零件的零件图。

(2) 掌握盘盖类零件图的表达方法。

(3) 掌握零件图的尺寸标注。

(4) 掌握零件图的常见工艺结构。

(5) 掌握表面粗糙度在零件图上的标注方法。

(6) 掌握如何阅读盘盖类零件图。

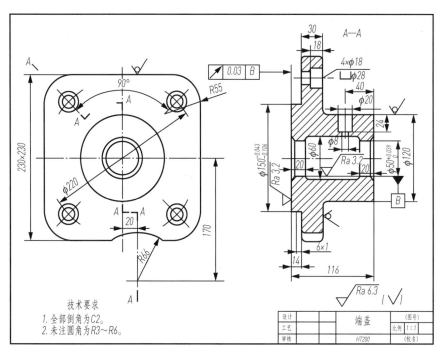

【端盖轴测图】

(a) 零件图　　　　　　　　　　　　(b) 轴测图

图 4.2　端盖零件图及轴测图

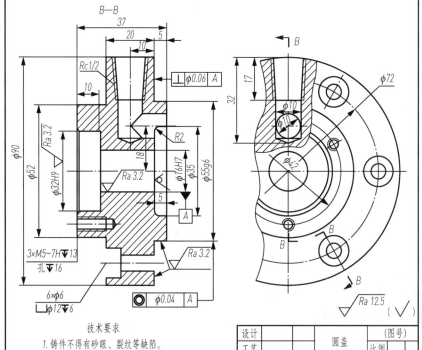

【圆盖轴测图】

(a) 零件图　　　　　　　　　　　　(b) 轴测图

图 4.3　圆盖零件图及轴测图

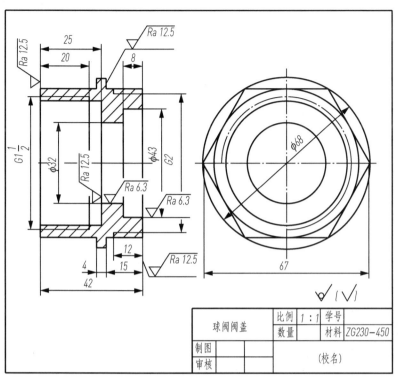

(a) 零件图

(b) 轴测图

图 4.4　球阀阀盖零件图及轴测图

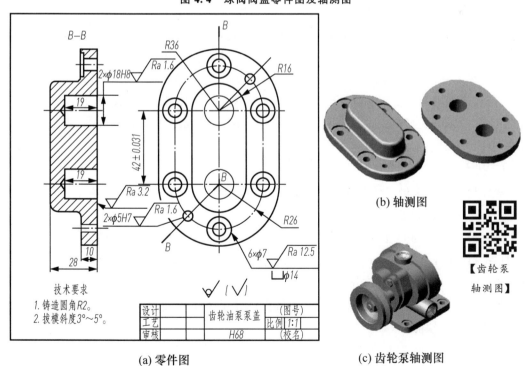

(a) 零件图　　　　　　　　　(c) 齿轮泵轴测图

图 4.5　齿轮泵泵盖零件图、轴测图及齿轮泵轴测图

4. 实训要求

在图纸上按标注尺寸抄画端盖、圆盖、球阀阀盖、齿轮泵泵盖零件图，并读零件图。

5. 实训提示

（1）参照教材 4.1.2 任务指导、读图举例，熟悉制图、读图标准流程。

（2）读图时可参照轴测图。

（3）注意区分剖切面的种类。

作图提示：读端盖零件图步骤如下。

① 浏览全图，看标题栏。该零件属于盘盖类零件中的盘类零件，零件的名称为端盖，材料是 HT200（灰口铸铁）。阅读标题栏还能知道零件的设计者、审核者、制造厂家，以及零件图的比例等内容。

② 分析表达方案。本零件图中为主视图及左视图，左视图用复合全剖视图表示。剖切面分析：下方是平行剖切面，直角转折；上方是倾斜面，采用了柱面转折。

③ 结构分析。主体结构可分成圆柱筒、方盘两部分。圆柱筒的外形结构，左边直径稍大，轴向短，根部有砂轮越程槽，右边直径较小，轴向长，根部带圆角。圆柱筒的内腔结构，内孔 $\phi50$，中间溜虚直径 $\phi60$ 并不带圆角，其作用是减少装配接触面和减轻零件质量。两端孔口倒角，上方有一组台阶孔，用以安装油板。溜虚结构可减少装配接触面，以致减小形状位置误差对装配精度的敏感度，而且可减少加工面，缩短加工时间。常常在长度比较大的内孔上设计溜虚结构，比如铣刀头座体内孔、传动器的座体内孔等。方盘结构相对简单，四角上有台阶孔，在 $\phi220$ 圆周上 $45°$ 方向均布，并带 $R55$ 圆角，方盘下方有弧形缺口，定位清晰。

④ 尺寸分析。主要尺寸基准：径向基准——整体轴线，方盘的高度方向、宽度方向、弧形缺口也以此轴线为基准；轴向基准——零件的最左端面。轴向尺寸链分解：主体结构——116mm、14mm、30mm、开环；砂轮越程槽——14mm、6mm、开环；方盘上的台阶孔——30mm、18mm、开环；内孔——116mm、20mm、开环、20mm；油板孔定位尺寸——40mm。

⑤ 技术要求分析。

表面粗糙度要求最高的是左端面、内孔 $\phi50$，为 $Ra3.2\mu m$，其次是各加工表面，为 $Ra6.3\mu m$，其他面为毛坯面。

尺寸公差：$\phi50mm$ 上偏差为 $+0.039mm$，下偏差为 0，查表得公差带代号为 H8，即 $\phi50H8$；$\phi150mm$ 上偏差为 $-0.043mm$，下偏差为 $-0.106mm$，查表得公差带代号为 f8，即 $\phi150f8$。

形状和位置公差：位置公差项目——端面圆跳动，基准要素为内孔 $\phi50$ 的轴线，被测要素为方盘左端面。

材质：无特殊要求。

其他：倒角、圆角要求。

⑥ 归纳总结。对以上内容作连贯论述。

4.1.3 绘制 V 带轮零件图

1. 实训名称

绘制 V 带轮零件图。

2. 实训内容

铣刀头轴测分解图、装配轴测图、V 带轮零件图分别如图 4.6、图 4.7、图 4.8 所示。

图 4.6 铣刀头轴测分解图

【铣刀头轴测图】

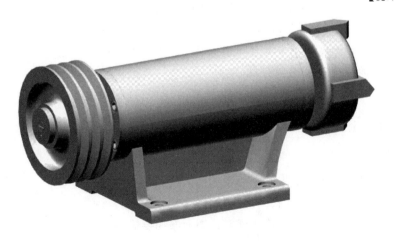

图 4.7 铣刀头装配轴测图

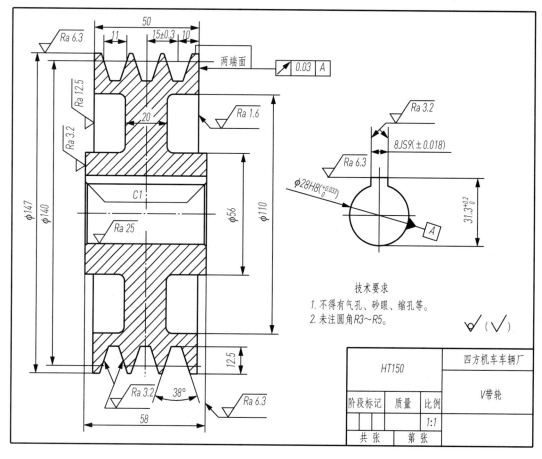

图 4.8 V带轮零件图

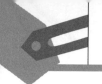

【V带轮轴测图】

3．实训目的

(1) 了解 V 带轮零件图的作用和内容。

(2) 掌握 V 带轮零件图的表达方法。

(3) 掌握 V 带轮零件图的常见工艺结构。

(4) 了解表面粗糙度的基本概念，掌握其在零件图上的标注方法。

(5) 掌握如何阅读 V 带轮零件图。

4．实训要求

在图纸上按标注尺寸抄画 V 带轮零件图，并读零件图。

5．实训提示

(1) 参照教材 4.1.2 任务指导，熟悉制图、读图标准流程。

(2) 参照铣刀头轴测分解图、装配轴测图。

(3) 图框、线型、字体等应符合规定，图面布局要恰当。

4.1.4 绘制齿轮零件图

1. 实训名称

绘制齿轮零件图。

2. 实训内容

齿轮零件图及轴测图如图 4.9、图 4.10 所示。

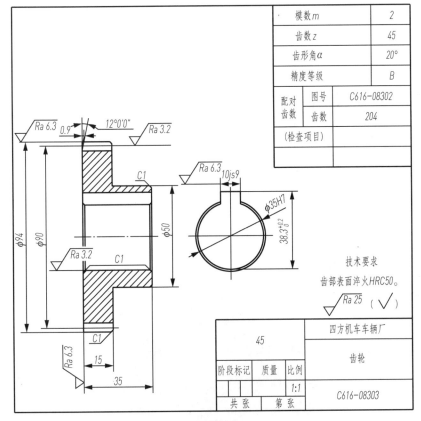

(a) 零件图

(b) 轴测图

图 4.9 齿轮零件图及轴测图（一）

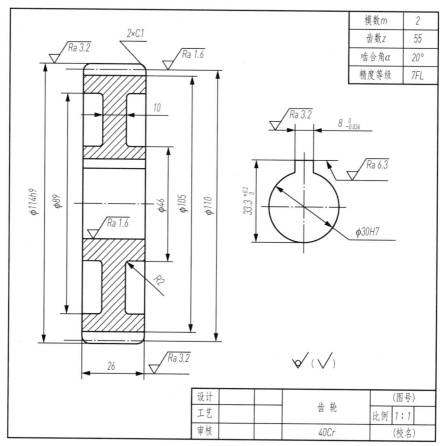

(a) 零件图

(b) 轴测图

图 4.10 齿轮零件图及轴测图（二）

3. 实训目的

（1）了解齿轮零件图的作用和内容。

(2) 掌握齿轮零件图的表达方法。

(3) 掌握齿轮零件图的常见工艺结构。

(4) 了解表面粗糙度的基本概念,掌握其在零件图上的标注方法。

(5) 掌握如何阅读齿轮零件图。

4. 实训要求

在图纸上按标注尺寸抄画圆柱齿轮零件图,并读零件图。

5. 实训提示

(1) 参照教材 4.1.2 任务指导,熟悉制图、读图标准流程。

(2) 齿顶圆和齿顶线用粗实线绘制;分度圆和分度线用细点划线绘制(分度线应超出轮齿两端面 2~3mm);齿根圆和齿根线用细实线绘制,也可省略不画。在剖视图中,齿根线用粗实线绘制,这时不可省略。在剖视图中,当剖切平面通过齿轮轴线时,轮齿一律按不剖处理。

(3) 图框、线型、字体等应符合规定,图面布局要恰当。

4.1.5 绘制手轮零件图

1. 实训名称

绘制手轮零件图。

2. 实训内容

手轮零件图及轴测图如图 4.11 所示。

3. 实训目的

(1) 了解手轮零件图的作用和内容。

(2) 掌握手轮零件图的表达方法。

(3) 掌握手轮零件图的常见工艺结构。

(4) 了解表面粗糙度的基本概念,掌握其在零件图上的标注方法。

(5) 掌握如何阅读手轮零件图。

4. 实训要求

在图纸上按标注尺寸抄画手轮零件图,并读零件图。

5. 实训提示

(1) 参照教材 4.1.2 任务指导,熟悉制图、读图标准流程。

(2) 手轮是一种机器上常见的用手直接操作的零件,比如转动手轮操纵机床某一部件运动,或者调节某一部件的位置等。手轮由轮毂、轮辐、轮缘 3 部分构成。轮毂的内孔与轴配合,连接方式一般为键连接,也可用销连接。轮辐为等分放射状排列的杆件,截面常为椭圆形。轮缘为复杂截面绕轮轴旋转形成的环状结构。手轮为铸铁件,轮缘外侧要求光滑,表面粗糙度 Ra 要求高,常见抛光和镀镍或镀铬处理。

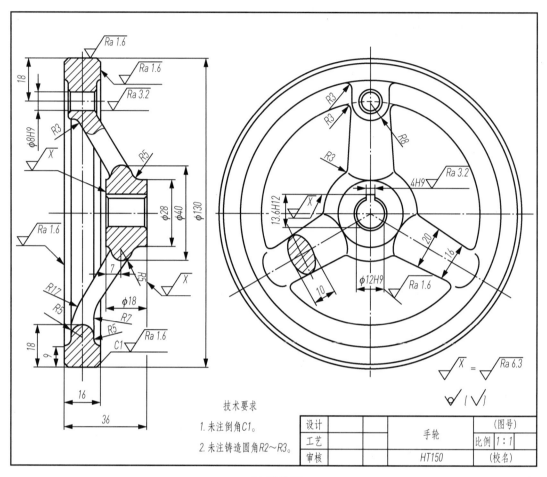

(a) 零件图

(b) 轴测图

图 4.11 手轮零件图及轴测图

（3）作图提示：手轮表达方案分析如下。

① 安放。手轮为回转类零件，主要工序为车削加工，按加工位置原则将其轴线水平放置，并将手柄安装孔结构放在上方。

② 视图方案。手轮的一组视图用了两个视图，全剖的主视图表达主体结构，左视图重点表达轮辐的分布，同时也表达了主体结构各形体的形状特征。

a. 主视图的剖切。因为轮辐为均布结构，故剖切时处理成上下对称图形，且按不剖处理。

b. 左视图。其采用了重合断面图,简捷而又紧凑地表达了轮辐的截面形状。

(4) 图框、线型、字体等应符合规定,图面布局要恰当。

任务 4.2 绘制蜗杆轴零件图实训

4.2.1 绘制轴的零件图

1. 实训名称

绘制轴的零件图。

2. 实训内容

根据轴的轴测图(图 4.12),绘制其零件图。

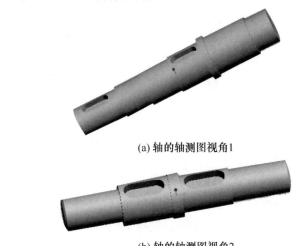

(a) 轴的轴测图视角1

【轴的轴测图】

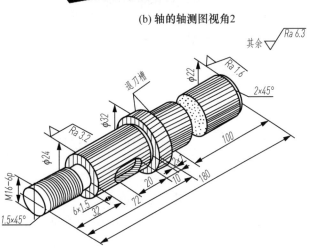

(b) 轴的轴测图视角2

(c) 轴的轴测图尺寸标注

图 4.12 轴的轴测图

3. 实训目的

（1）掌握局部剖视图、移出断面图、局部放大图的概念。

（2）掌握局部剖视图、移出断面图、局部放大图的适用范围、画法及标注方法。

（3）了解轴类零件图的作用和内容。

（4）掌握轴类零件图的表达方法。

（5）掌握轴类零件图的尺寸标注。

（6）掌握轴类零件图的常见工艺结构。

（7）了解表面粗糙度的基本概念，掌握其在零件图上的标注方法。

（8）了解形状公差和位置公差的基本概念，掌握其在零件图上的标注方法。

（9）掌握如何阅读轴类零件图。

4. 实训要求

（1）如图 4.12(a)、图 4.12（b）所示，根据轴的轴测图在图纸中绘制轴类零件图（尺寸、比例自定）。

（2）根据键槽尺寸 20mm 及《普通型 平键》（GB/T 1096—2003）、《平键 键槽的剖面尺寸》（GB/T 1095—2003）查出键槽尺寸。

5. 实训提示

（1）参照教材 4.2.2 任务指导，熟悉识读和绘制零件图流程。

（2）零件图主要内容齐全。

（3）选择主视图和表达方案合理。

（4）零件各部分结构表达正确、完整、清晰。

（5）各类尺寸标注正确、完整、清晰、合理。

（6）各项技术要求标注正确。

（7）图框、线型、字体等应符合规定，图面布局要恰当。

4.2.2 轴套类零件综合实训（一）

1. 实训名称

绘制减速器从动轴、铣刀头轴、机用虎钳螺杆、圆钻模轴、套圈的零件图。

2. 实训内容

（1）减速器从动轴零件图及轴测图如图 4.13 所示。

（2）铣刀头轴轴测图、轴测分解图及零件图如图 4.14 所示。

（3）机用虎钳螺杆轴测图及零件图如图 4.15 所示。

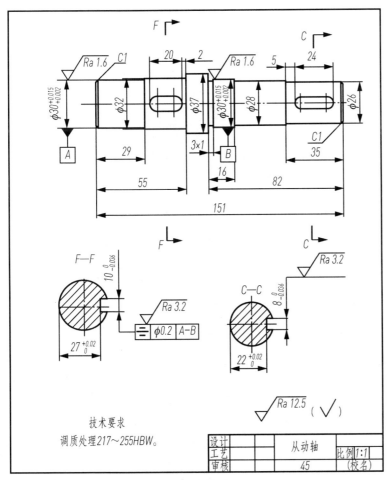

(a) 零件图

(b) 轴测图

图 4.13 减速器从动轴零件图及轴测图

【减速器从动轴轴测图】

(a) 轴测图　　　　　　　　　(b) 轴测分解图

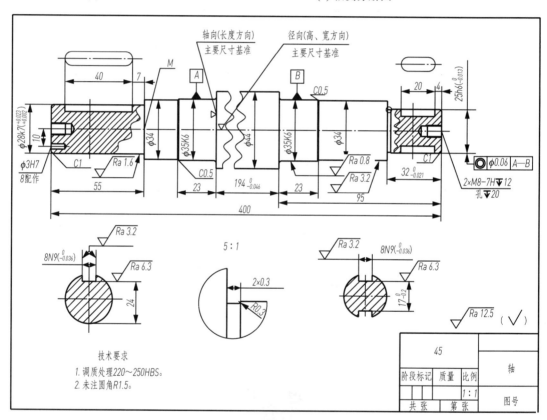

(c) 零件图

图 4.14　铣刀头轴轴测图、轴测分解图及零件图

【铣刀头轴轴测图】

(a) 轴测图

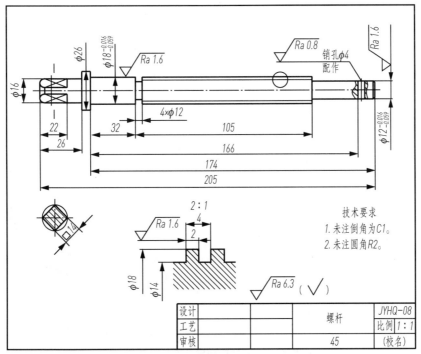

(b) 零件图

图 4.15 机用虎钳螺杆轴测图及零件图

【机用虎钳螺杆轴测图】

(4) 圆钻模轴零件图及轴测图如图 4.16 所示。

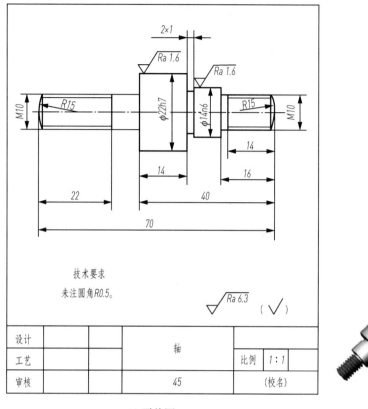

(a) 零件图　　　　　　　　　　　　(b) 轴测图

图 4.16　圆钻模轴零件图及轴测图

(5) 套圈轴测图及零件图如图 4.17 所示。

3. 实训目的

(1) 掌握局部剖视图、移出断面图、局部放大图的概念。
(2) 掌握局部剖视图、移出断面图、局部放大图的适用范围、画法及标注方法。
(3) 了解轴套类零件图的作用和内容。
(4) 掌握轴套类零件图的表达方法。
(5) 掌握轴套类零件图的常见工艺结构。
(6) 了解表面粗糙度的基本概念，掌握其在零件图上的标注方法。
(7) 了解形状公差和位置公差的基本概念，掌握其在零件图上的标注方法。
(8) 掌握如何阅读轴套类零件图。

4. 实训要求

在图纸上按标注尺寸抄画轴套类零件图，并读零件图。

5. 实训提示

(1) 参照教材 4.2.2 任务指导，熟悉制图、读图标准流程。

模块4　零件图绘制与识读实训

(a) 轴测图

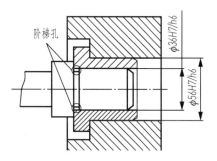

(b) 与套圈相关的装配图

【套圈轴测图】

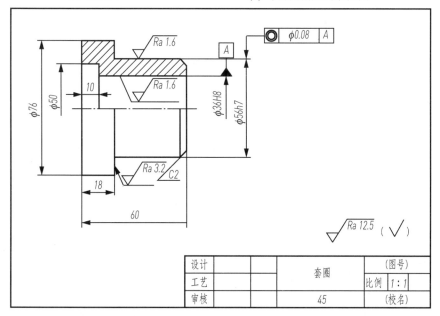

(c) 零件图

图 4.17　套圈轴测图及零件图

（2）读铣刀头轴零件图时的要领如下。

① 视图分析。

a. 零件安放。本案例中轴的安放符合加工位置原则，即轴向水平放置，因为该轴的主要工序为车削加工。轴向水平放置，大端在左小端在右，这样便于操作者看图，少出或不出废品。

本案例零件结构分析：在轴的最左端往右依次看其结构，最左有倒角和带螺纹结构的 C 型中心孔及销孔，再右是 $\phi 34$ mm 圆柱，再往右是 $\phi 35$ mm 轴承安装段，接着是 $\phi 44$ mm 长 194mm 的圆柱，再往右又是 $\phi 35$ mm 轴承安装段，然后是 $\phi 34$ mm 圆柱，最右的圆柱有上下两个键槽，并带 C 型中心孔和倒角。

b. 主视图投影方向选择。考虑左右两边对称键槽的结构特殊性，取目前的投影方向，清晰表达了键槽为对称结构。

c. 其他视图。其他视图是对主视图的补充，图中使用了两个断面图分别表达左右两端键槽的宽度和深度，键槽的形状类型用了局部视图；局部放大图表达了左端销孔的结构及尺寸和右边的砂轮越程槽结构。

② 尺寸分析。

基准选择：径向以整体轴线为基准，轴向以 $\phi 44mm$ 外圆的右端面为基准，因为该右端面在装配体中起轴向定位作用。

③ 技术要求分析。

轴套类零件上常见的技术要求有，表面粗糙度、尺寸公差、形状公差与位置公差、材质处理要求等。

(3) 图框、线型、字体等应符合规定，图面布局要恰当。

4.2.3 绘制齿轮泵主、从动齿轮轴零件图实训

【齿轮泵主动齿轮轴轴测图】

1. 实训名称

绘制齿轮泵主、从动齿轮轴零件图。

2. 实训内容

(1) 齿轮泵主动齿轮轴零件图及轴测图如图 4.18 所示。

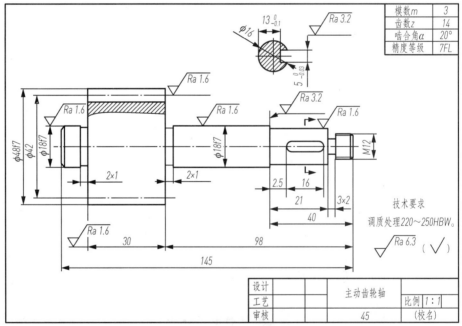

(a) 零件图

(b) 轴测图

图 4.18 齿轮泵主动齿轮轴零件图及轴测图

(2) 齿轮泵轴测图及从动齿轮轴零件图如图 4.19 所示。

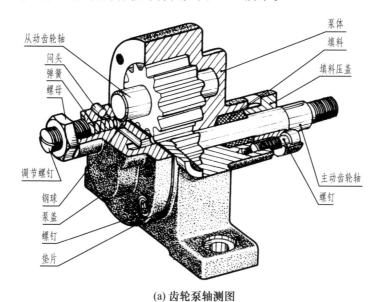

(a) 齿轮泵轴测图

(b) 从动齿轮轴零件图

图 4.19 齿轮泵轴测图及从动齿轮轴零件图

技术要求
1. 齿在加工后进行调质处理，220～250HBW。
2. 未注倒角为C1。
3. 未注圆角为R1。

3. 实训目的

(1) 了解齿轮轴的作用。

(2) 掌握齿轮轴零件图的表达方法。

(3) 掌握齿轮轴零件图的常见工艺结构。

(4) 掌握如何阅读齿轮轴零件图。

4. 实训要求

在图纸上按标注尺寸抄画齿轮轴零件图，并读零件图。

5. 实训提示

(1) 参照教材 4.2.2 任务指导，读轴套类零件图的步骤，熟悉制图、读图标准流程。

(2) 图框、线型、字体等应符合规定，图面布局要恰当。

4.2.4 轴套类零件综合实训（二）

【输出轴轴测图 1】

1. 实训名称

绘制轴套类零件的零件图。

2. 实训内容

(1) 输出轴零件图如图 4.20 所示。

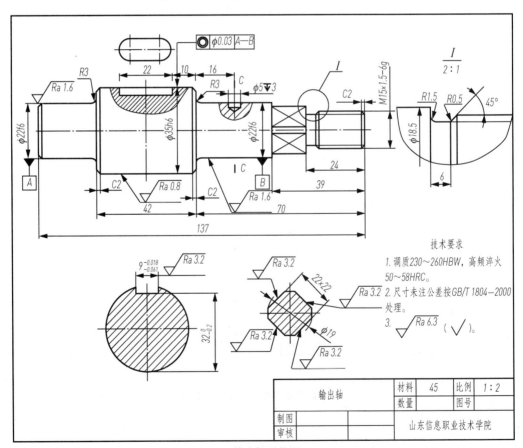

(a) 输出轴零件图1

图 4.20 输出轴零件图

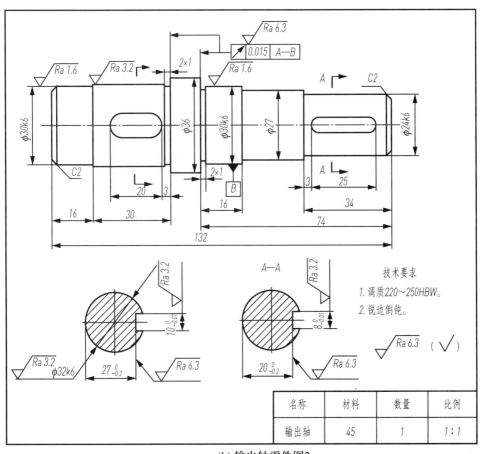

(b) 输出轴零件图2

图 4.20　输出轴零件图（续）

(2) 轴零件图如图 4.21 所示。
(3) 套零件图如图 4.22 所示。

3. 实训目的

掌握如何阅读轴套类零件图。

4. 实训要求

(1) 看懂输出轴零件图 [图 4.20(a)]，并回答下列问题。

① 该零件图采用____个视图，分别是_____。
② 零件上的 ϕ35h6 这段长度为_____，表面粗糙度代号为_____。
③ 轴上平键槽的长度为_____，宽度为_____，深度为_____。
④ M15×1.5－6g 的含义是_____。
⑤ 图上尺寸 22×22 的含义是_____。
⑥ ϕ35h6 的含义：基本尺寸为_____，公差等级为_____，_____配合的非基准轴的尺寸及公差带的标注。

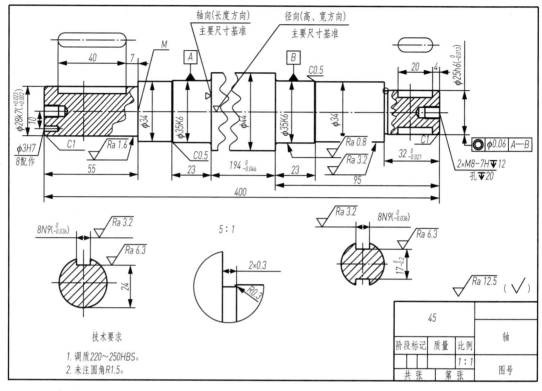

图 4.21 轴零件图

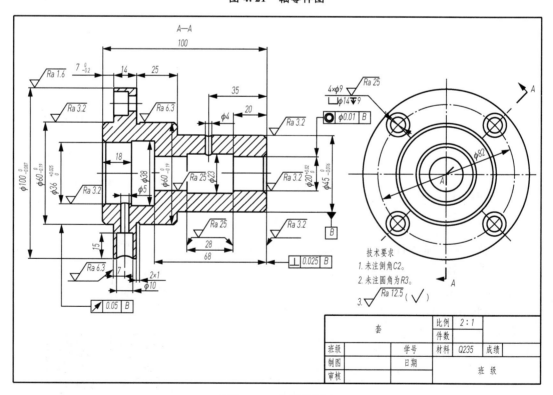

图 4.22 套零件图

⑦ ⌀0.03 A—B 的含义：被测要素为_____，基准要素为_____，公差项目为_____，公差值为_____。

⑧ 在图上画出 C—C 移出断面图。

⑨ 在图上用指引线标出长、宽、高 3 个方向的主要尺寸基准。

(2) 看懂输出轴零件图 [图 4.20(b)]，并回答下列问题。

① 该零件图采用____个视图，分别是_____。

② 零件上的 φ30k6 这段长度为_____，表面粗糙度代号为_____。零件上的 φ24k6 这段长度为_____，表面粗糙度代号为_____。

③ 轴上 φ32k6 段平键槽的长度为_____，宽度为_____，深度为_____。轴上 φ24k6 段平键槽的长度为_____，宽度为_____，深度为_____。

④ φ30k6 的含义：基本尺寸为_____，公差等级为_____，上偏差为_____，下偏差为_____，公差为_____。φ24k6 的含义：基本尺寸为_____，公差等级为_____，上偏差为_____，下偏差为_____，公差为_____。

⑤ ⌿ 0.015 A—B 的含义：被测要素为_____，基准要素为_____，公差项目为_____，公差值为_____。

⑥ 在图上用指引线标出长、宽、高 3 个方向的主要尺寸基准。

(3) 看懂轴零件图（图 4.21），并回答下列问题。

① 该零件图采用____个视图，分别是_____。

② 零件上的 φ28k7 这段长度为_____，表面粗糙度代号为_____。

③ 轴上 φ28k7 段平键槽的长度为_____，宽度为_____，深度为_____。轴上 φ25h6 段平键槽的长度为_____，宽度为_____，深度为_____。

④ M8-7H 的含义是_____。

⑤ φ28k7 的含义：基本尺寸为_____，公差等级为_____，_____配合的非基准轴的尺寸及公差带的标注。

⑥ ⌀ φ0.06 A—B 的含义：被测要素为_____，基准要素为_____，公差项目为_____，公差值为_____。

⑦ 在图上用指引线标出长、宽、高 3 个方向的主要尺寸基准。

(4) 看懂套零件图（图 4.22），并回答下列问题。

① 零件图中表面最粗糙的表面粗糙度代号为_____，表面最光洁的表面粗糙度代号为_____。

② 尺寸 $\phi 100_{-0.087}^{0}$，其基本尺寸为_____，上偏差为_____，下偏差为_____，公差为_____。

③ ⌀ φ0.01 B 的含义：_____。

④ 在图上用指引线标出长、宽、高 3 个方向的主要尺寸基准。

5. 实训提示

参照教材 4.2.2 任务指导、读轴套类零件图的步骤。

任务4.3 绘制叉架类零件图实训

4.3.1 叉架类零件综合实训

1. 实训名称

绘制支架、拨叉1、拨叉2、托架、轴承架的零件图。

2. 实训内容

(1) 支架零件图及轴测图如图4.23所示。

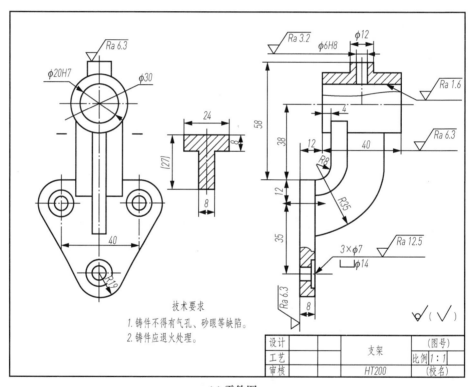

(a) 零件图

(b) 轴测图

图4.23 支架零件图及轴测图

【支架轴测图1】

(2) 拨叉 1 零件图及轴测图如图 4.24 所示。

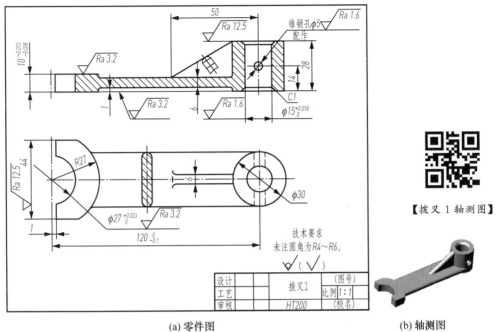

(a) 零件图　　　　　(b) 轴测图

【拨叉 1 轴测图】

图 4.24　拨叉 1 零件图及轴测图

(3) 拨叉 2 零件图及轴测图如图 4.25 所示。

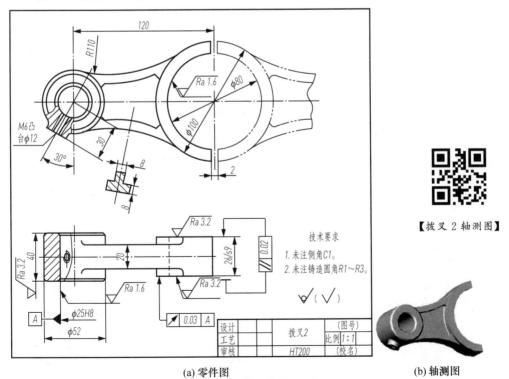

(a) 零件图　　　　　(b) 轴测图

【拨叉 2 轴测图】

图 4.25　拨叉 2 零件图及轴测图

（4）托架零件图及轴测图如图4.26所示。

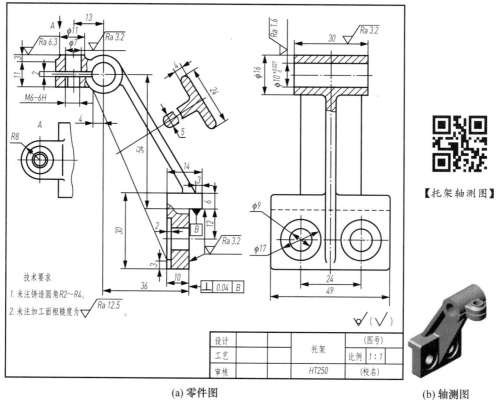

(a) 零件图　　　　　　　　　　　(b) 轴测图

图4.26　托架零件图及轴测图

（5）轴承架零件图及轴测图如图4.27所示。

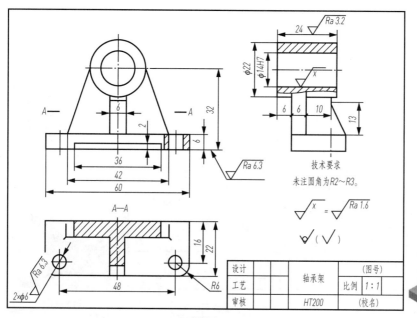

(a) 零件图　　　　　　　　　　　(b) 轴测图

图4.27　轴承架零件图及轴测图

3. 实训目的

(1) 掌握基本视图的概念、适用范围、画法及标注方法。
(2) 掌握重合断面图的概念、适用范围、画法及标注方法。
(3) 掌握剖视图、移出断面图的适用范围、画法及标注方法。
(4) 了解叉架类零件图的作用和内容。
(5) 掌握叉架类零件图的表达方法。
(6) 掌握叉架类零件图的尺寸标注。
(7) 掌握叉架类零件图的常见工艺结构。
(8) 了解表面粗糙度的基本概念,掌握其在零件图上的标注方法。
(9) 了解形状公差和位置公差的基本概念,掌握其在零件图上的标注方法。
(10) 掌握如何阅读叉架类零件图。

4. 实训要求

根据叉架类零件的轴测图在图纸中按标注尺寸抄画叉架类零件图,并读零件图。

5. 实训提示

(1) 参照教材4.3.2任务指导、读叉架类零件图的步骤,熟悉制图、读图标准流程。
(2) 图框、线型、字体等应符合规定,图面布局要恰当。
(3) 读拨叉1零件图的要领如下。

读懂该零件图能了解叉架类零件的结构特征,视图表达的思路,以及尺寸基准的选择,技术要求项目等知识。

① 浏览全图,看标题栏。
② 分析表达方案。

a. 拨叉的放置。本实训任务中叉口底面与右边圆柱筒底面正好平齐,所以可自然安放,这里就是取其自然安放位置,并且使宽度方向的对称面平行于正立投影面。

b. 视图方案:主视图为全剖视图,俯视图为基本视图,在主视图和俯视图上各有一处重合断面图。由表达方案细读各部分结构,先看主体部分,后看细节。

根据叉架类零件的特点,主体结构可分成3部分,工作部分——叉口(图中的左端部分)、支承(或安装)部分(图中的右端部分)、连接及加强部分(图中的中间部分)。左端的工作部分是由近半个圆柱筒并在其前后两侧各切去一小部分所构成的形体。右端的支承部分为一圆柱筒,圆柱筒上有一个 $\phi 5mm$ 锥销孔。中间连接及加强部分有两块,一块是水平放置的板状结构,左端与支承部分相连,右端与圆柱筒相切;另一块是三角形的立板,下部与水平板相接,右端与圆柱筒相连。由以上分析可想象出拨叉的形体构成。

c. 尺寸分析。

主要尺寸基准如下。

长度方向——右端圆柱筒轴线。因为右端圆柱筒与轴装配而使拨叉在部件中定位,所以以此轴线作基准。

宽度方向——零件的前后对称面。

高度方向——零件的底面。

d. 技术要求分析。

表面粗糙度要求最高的是右端圆柱筒零件内孔与锥销孔的表面，Ra 值为 $1.6\mu m$，其次是各加工表面，Ra 值为 $3.2\mu m$ 及 $12.5\mu m$，其他面为毛坯面。

尺寸公差：$\phi 15mm$ 上偏差为 $+0.018mm$，下偏差为 0，查表得公差带代号为 H7；$\phi 27mm$ 上偏差为 $+0.033mm$，下偏差为 0，查表得公差带代号为 H8；10mm 上偏差为 $-0.013mm$，下偏差为 $-0.028mm$，查表得公差带代号为 f7。

形状公差和位置公差：无特殊要求。

材质：无特殊要求。

其他：圆角要求。

e. 归纳总结。

(4) 读拨叉 2 零件图的要领如下。

有相当多的拨叉极不规则，图 4.25 所示也是一拨叉，此零件无法自然安放，对于这类零件，可将其重要几何要素水平或垂直放置，即把重要几何要素"放稳"。

① 零件放置。该拨叉采用了主要对称面平行于投影面的放置方法，高度方向对称面平行于水平投影面，宽度方向对称面平行于正立投影面。

② 视图方案。实训任务共用了 2 个视图表达零件，其中主视图局部剖，表达了零件整体特征；俯视图局部剖，表达了各形体宽度方向的特征。

注意：主视图右边的假想画法部分表示该拨叉在制造时是两个一起制作，同时铸造和机加工的，最后才将其切开，这是制作工艺上的需要。

③ 尺寸标注、技术要求（略）。

4.3.2 绘制支架的零件图

1. 实训名称

运用第三角画法绘制支架的零件图。

2. 实训内容

支架零件图如图 4.28 所示。

3. 实训目的

(1) 了解第一角画法与第三角画法的区别。

(2) 了解第三角画法视图的形成与配置。

(3) 了解第三角画法的标识。

4. 实训要求

读懂零件图。

5. 实训提示

读支架的零件图要领如下。

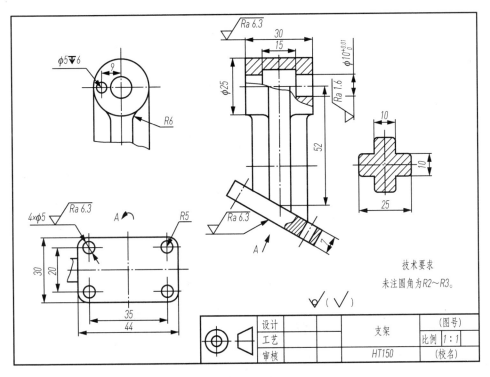

图 4.28 支架零件图

① 零件放置。该零件形体不规则,无法自然安放,考虑把上方圆柱筒的轴线水平放置,并且使宽度方向的对称面平行于正立投影面。

② 视图方案。本案例采用了第三角画法:主视图为局部剖视图,用以表达主体结构;局部左视图表达圆柱筒结构特征,以及十字连接板与圆柱筒的连接关系;A向斜视图表达底板的形状特征;移出断面图表达连接部分的截面结构。

【支架轴测图 2】

③ 由表达方案细读各部分结构。主体结构可分成 3 部分,支撑部分——上方圆柱筒(支撑轴),连接及加强部分——十字柱结构,安装底板。十字柱的一块板平行于侧立投影面,相切于圆柱筒,另一块板平行于正立投影面,比圆柱筒短。底板与十字柱呈 60°夹角,4 个角上有安装孔。分析后得出其构造形态。

④ 尺寸标注、技术要求(略)。

任务 4.4　绘制箱体类零件图实训

4.4.1　绘制铣刀头座体零件图

1. 实训名称

绘制铣刀头座体零件图。

2. 实训内容

铣刀头座体零件图及轴测图如图 4.29 所示。

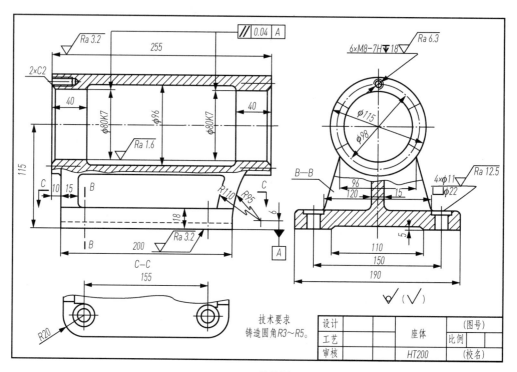

(a) 零件图

(b) 轴测图

图 4.29　铣刀头座体零件图及轴测图

3．实训目的

（1）强化训练。

（2）掌握如何阅读箱体类零件图。

4．实训要求

用 A3 幅面的图纸，比例 1∶2，抄画零件图，并读零件图。

5．实训提示

（1）参照教材 4.4.2 任务指导、读铣刀头座体零件图的步骤，熟悉制图、读图标准流程。

（2）图框、线型、字体等应符合规定，图面布局要恰当。

4.4.2　箱体类零件综合实训

1．实训名称

绘制齿轮泵泵体、固定钳身、减速器箱盖、减速器箱体、蜗轮蜗杆减速器箱体、圆钻模底座、滑动轴承底座、底座零件图。

2. 实训内容

(1) 齿轮泵泵体零件图及轴测图如图 4.30 所示。

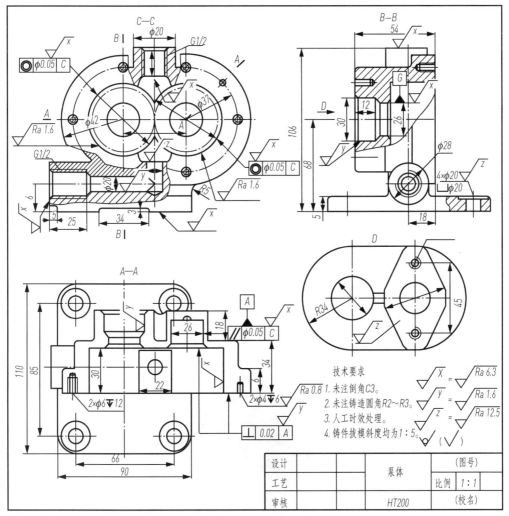

(a) 零件图

(b) 轴测图

图 4.30 齿轮泵泵体零件图及轴测图

（2）固定钳身零件图及轴测图如图 4.31 所示。

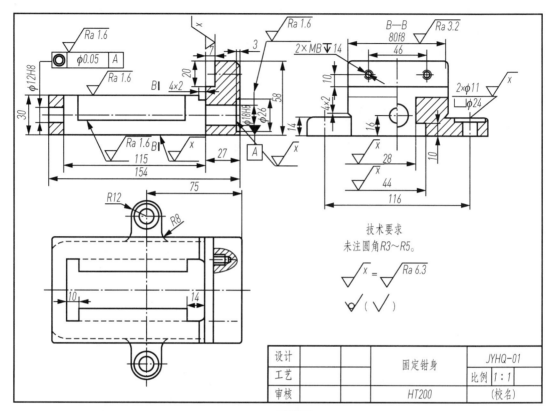

(a) 零件图

(b) 轴测图

图 4.31 固定钳身零件图及轴测图

【固定钳身轴测图】

(3) 减速器箱盖零件图及轴测图如图 4.32 所示。

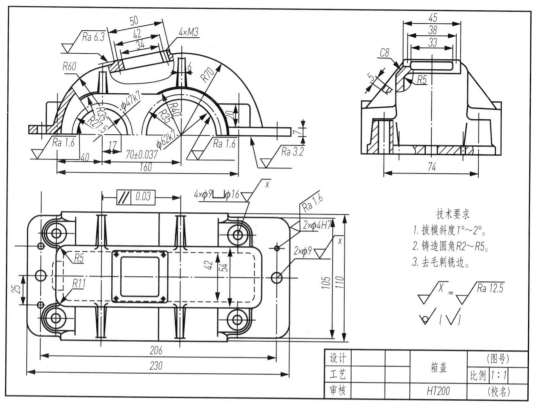

(a) 零件图

(b) 轴测图

图 4.32 减速器箱盖零件图及轴测图

【减速器箱盖
轴测图】

(4) 减速器箱体零件图及轴测图如图 4.33 所示。

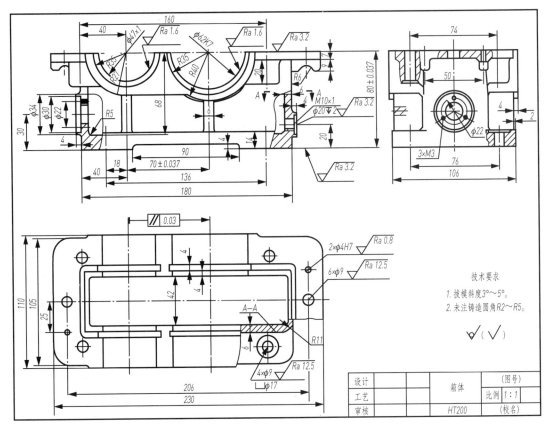

(a) 零件图

(b) 轴测图

图 4.33 减速器箱体零件图及轴测图

【减速器箱体
轴测图】

(5) 蜗轮蜗杆减速器箱体零件图及轴测图如图 4.34 所示。

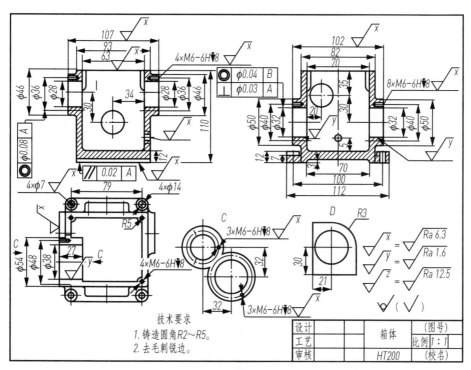

(a) 零件图

(b) 轴测图

图 4.34 蜗轮蜗杆减速器箱体零件图及轴测图

【蜗轮蜗杆减速器箱体轴测图】

(6) 圆钻模底座零件图及轴测图如图 4.35 所示。

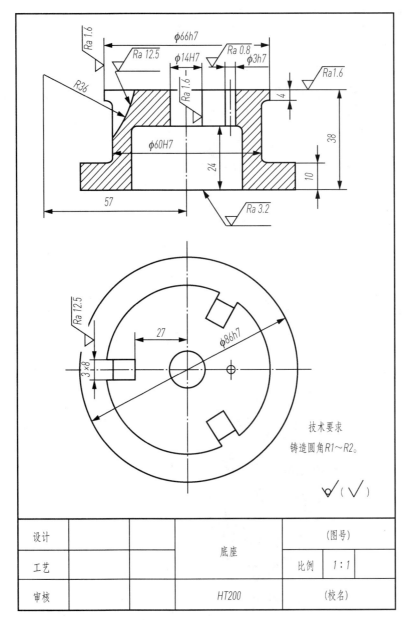

(a) 零件图   (b) 轴测图

图 4.35 圆钻模底座零件图及轴测图

【圆钻模底座轴测图】

（7）滑动轴承底座零件图、轴测图及轴测分解图如图 4.36 所示。

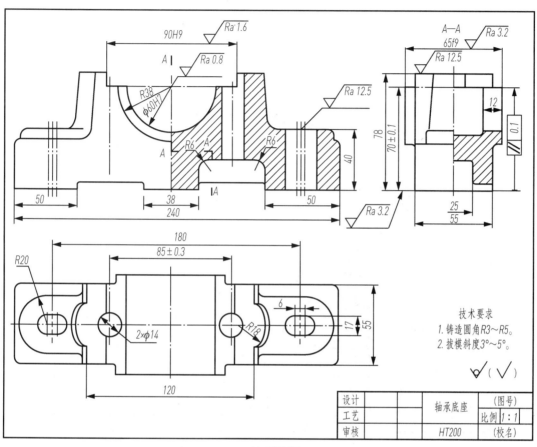

(a) 零件图

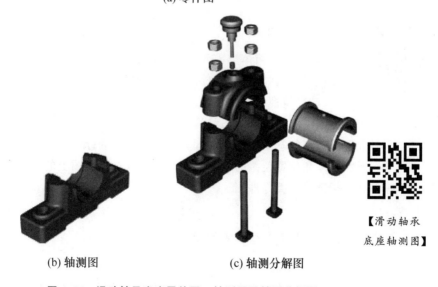

(b) 轴测图　　(c) 轴测分解图

图 4.36　滑动轴承底座零件图、轴测图及轴测分解图

(8) 底座零件图如图 4.37 所示。

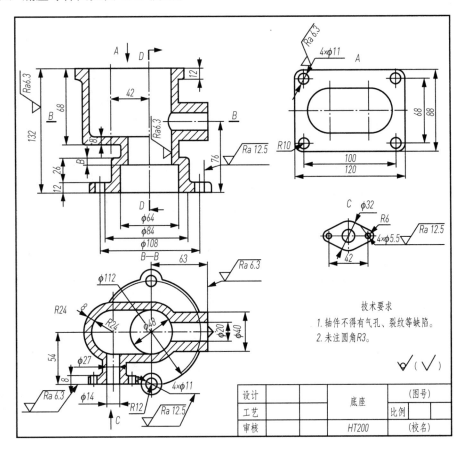

图 4.37 底座零件图

【底座轴测图】

3. 实训目的

(1) 了解箱体类零件图的作用和内容。

(2) 掌握箱体类零件图的表达方法。

(3) 掌握箱体类零件图的尺寸标注。

(4) 掌握箱体类零件图的常见工艺结构。

(5) 了解表面粗糙度的基本概念,掌握其在零件图上的标注方法。

(6) 了解形状公差和位置公差的基本概念,掌握其在零件图上的标注方法。

(7) 掌握如何阅读箱体类零件图。

4. 实训要求

在图纸上按标注尺寸抄画箱体类零件图,并读零件图。

5. 实训提示

(1) 参照教材 4.4.2 任务指导、读铣刀头座体零件图的步骤,熟悉制图、读图标准流程。

(2) 图框、线型、字体等应符合规定,图面布局要恰当。

4.4.3 绘制箱体零件图

1. 实训名称

绘制箱体零件图。

2. 实训内容

箱体零件图如图 4.38 所示。

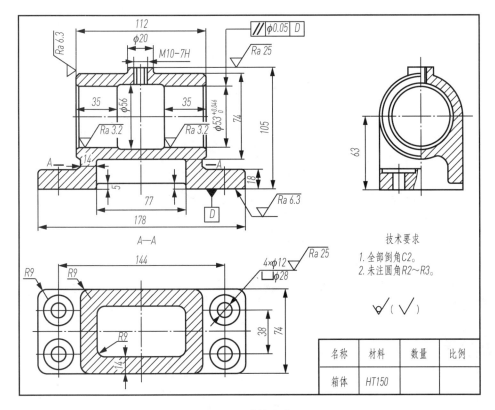

图 4.38 箱体零件图

3. 实训目的

(1) 强化训练。

(2) 掌握如何阅读箱体零件图。

4. 实训要求

阅读并绘制箱体零件图。

5. 实训提示

(1) 参照教材 4.4.2 任务指导、读铣刀头座体零件图的步骤,熟悉制图、读图标准流程。

(2) 图框、线型、字体等应符合规定,图面布局要恰当。

【箱体轴测图】

4.4.4 绘制三通零件图

1. 实训名称

绘制三通零件图。

2. 实训内容

三通立体图如图 4.39 所示，绘制三通零件图。

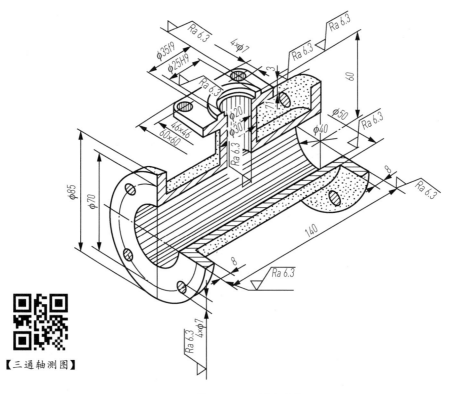

【三通轴测图】

图 4.39　三通立体图

3. 实训目的

(1) 强化训练。

(2) 掌握如何阅读三通零件图。

4. 实训要求

根据三通立体图，绘制其零件图，材料为 HT150。

5. 实训提示

(1) 参照教材 4.4.2 任务指导、读铣刀头座体零件图的步骤，熟悉制图、读图标准流程。

(2) 图框、线型、字体等应符合规定，图面布局要恰当。

模块 5

装配图识读、绘制与拆画零件图实训

任务 5.1 识读滑动轴承装配图实训

5.1.1 公差与配合的识读与标注

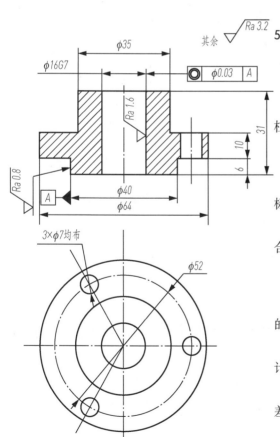

图 5.1 后压盖

1. 实训名称

识读后压盖尺寸公差标注及后压盖与丝杠配合标注。

2. 实训内容

(1) 如图 5.1 所示,后压盖中内孔孔径标注 $\phi16G7$。

(2) 如图 5.2 所示,后压盖与丝杠的配合代号为 $\phi16G7/h6$。

3. 实训目的

(1) 掌握基本尺寸、偏差、公差和配合的有关术语。

(2) 掌握极限尺寸、极限偏差、公差的计算,明确它们之间的关系。

(3) 掌握极限间隙或极限过盈、配合公差的计算,明确它们之间的关系。

(4) 掌握绘制孔、轴公差带图和配合公差带图的基本方法。

(5) 进一步熟悉尺寸公差与配合标准的应用。

4．实训要求

根据内容，完成以下训练。

(1) 指出 $\phi16G7$ 的基本尺寸、公差等级、基本偏差的名称及基本偏差的数值。

(2) 计算另一个极限偏差的数值。

(3) 指出实际孔径尺寸合格的范围。

(4) 计算装配图上配合代号 $\phi16G7/h6$ 的极限间隙或极限过盈、配合公差，并指出配合类型。

(5) 绘制 $\phi16G7/h6$ 的公差带图。

(6) 在图 5.1 和图 5.2 上，以不同的形式标注有关的尺寸公差和配合代号。

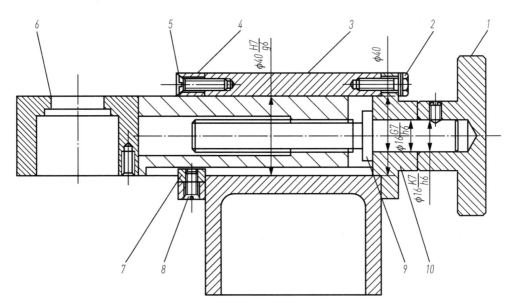

图 5.2　涨紧滑座装配图

1—手轮；2—螺栓；3—滑座；4—前压盖；5，8—沉头螺栓；
6—滑套；7—键；9—丝杠；10—后压盖

(7) 查有关表格，指出 $\phi16G7/h6$ 是否为优先选用的配合，组成配合的公差带是否为优先选用的公差带。

5．实训提示

参照教材任务 4.1 中有关公差标注内容及任务 5.1 中有关公差与配合的标注部分进行分析与计算。

5.1.2　识读球阀装配图

1．实训名称

识读球阀装配图。

模块5 装配图识读、绘制与拆画零件图实训

2. 实训内容

球阀轴测图及装配图如图5.3、图5.4所示。

3. 实训目的

(1) 了解装配图的作用和内容。

(2) 了解球阀装配图的表达方法、尺寸标注、技术要求、零、部件序号和明细栏，常见的装配工艺结构。

(3) 增加对实践课的感性认识。

4. 实训要求

(1) 写出识读报告。

(2) 树立严肃认真、一丝不苟的工作作风和良好的读图习惯。

5. 实训提示

参照教材5.2.2任务指导。

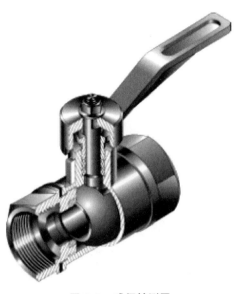

图5.3 球阀轴测图

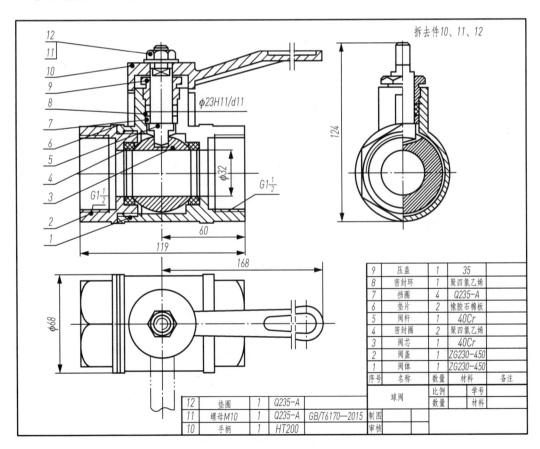

图5.4 球阀装配图

任务 5.2　绘制装配图实训

5.2.1　绘制铣刀头装配图

1. 实训名称

绘制铣刀头装配图。

2. 实训内容

根据铣刀头的部分零件图和装配图抄画装配图。
铣刀头装配轴测图、轴测分解图、装配图，如教材图 5.42、图 5.43、图 5.44 所示。

3. 实训目的

（1）熟悉装配图的内容和画法，如规定画法和特殊画法。
（2）学习装配图的画图方法和步骤。

4. 实训要求

（1）用 A2 幅面的图纸，比例 1∶1，抄注尺寸。
（2）认真读懂铣刀头的每个零件图。
（3）对照装配图，了解每个零件的位置和装配关系。
（4）注意投影关系正确，布图匀称，图面整洁，图线符合要求。

5. 实训提示

（1）参照教材 5.2.3 知识包。
（2）抄画时，一定要 3 个视图配合着画，才能减少错误。
（3）应留出标题栏、明细栏的位置后，再进行布图。
（4）工作过程如下。
① 确定比例、图幅、布图。
② 画底稿。
③ 检查、加深图线，绘制剖面线。
④ 标注尺寸、技术要求，编制序号，填写标题栏和明细栏。
（5）参考资料如下。
① 表达方案。铣刀头视图中，主视图是通过轴的轴线全剖视图把零件间的相互位置、主要装配关系和工作原理表达清楚的。为进一步表达座体的形状及其与其他零件的安装情况，用左视图加以补充。
② 参考尺寸及配合。
a. 性能尺寸：中心高 115mm，它表示铣刀头最大回转半径。
b. 配合尺寸：由零件的装配关系和零件图分析出来，如带轮与轴左端的配合 $\phi 28H8/$

k7，端盖小端外圆与座体孔的配合 ϕ80K7/f7，轴承外圆与座体孔的配合 ϕ80K7，轴承内孔与轴的配合 ϕ35k6，依此类推。

c. 安装尺寸：看安装结构，座体底板上 4 个安装孔相关尺寸，地脚螺栓安装孔尺寸为 4×ϕ11mm，锪平 ϕ22mm；长度方向中心距 155mm；宽度方向中心距 150mm。

d. 总体尺寸：铣刀头在装配最小位置时的外形尺寸，长度方向 418mm，宽度方向 190mm，高度方向 115mm。因为铣刀头的实际外形高度与选用的铣刀盘半径大小有关，是一不确定值，所以可直接用中心高表示。

e. 其他重要尺寸：除以上 4 种尺寸外，其他比较重要的尺寸需要说明的也可标注，如座体上方圆柱筒结构的长度尺寸为 225mm，常用铣刀盘的铣削直径 ϕ120mm 等。

③ 参考技术要求。

a. 安装调试要求：安装调试时应满足的要求，可以是位置公差要求，也可以是转动灵活、平稳等要求。铣刀头装配后有平行度要求，轴相对于座体底面的平行度在 100mm 测量长度上应小于 0.04mm。

b. 润滑方式：使用轴承用专用润滑脂润滑。

5.2.2 绘制钢架连接装配图

1. 实训名称

绘制钢架连接装配图。

2. 实训内容

图 5.5 为钢架的装配结构，这里用到了两组螺栓连接（具体包括螺栓、螺母和垫片）来连接钢架和方板，用一个紧定螺钉来紧固轴和钢架。

根据钢架的装配结构（图 5.5）、钢架连接分解图（图 5.6）、轴承架零件图（图 5.7），绘制装配图。

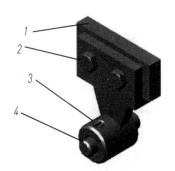

图 5.5 钢架的装配结构
1—钢架；2—螺栓连接；3—紧定螺钉；4—轴

图 5.6　钢架连接分解图

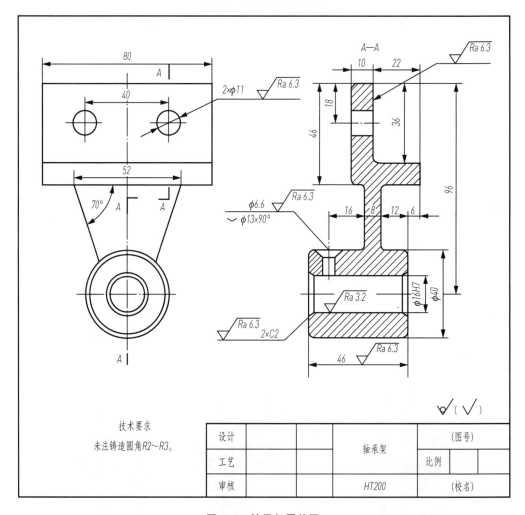

图 5.7　轴承架零件图

3. 实训目的

(1) 培养由零件图拼画装配图的能力。

(2) 熟悉零件的装配关系和装拆顺序。

(3) 进一步学习画装配图的方法。

4. 实训要求

(1) 完成钢架连接的一组装配图。
(2) 用 A3 幅面的图纸,比例 1∶1,标注必要的尺寸。
(3) 确定部件的表达方案,能清楚地表达部件的工作原理、传动路线、装配关系和零件的主要结构、形状。
(4) 正确标注装配图上的尺寸、技术要求和填写标题栏和明细栏。

5. 实训提示

(1) 读懂轴承架零件图,对照钢架的装配结构、钢架连接分解图,明确钢架的工作原理和每个零件的作用。
(2) 选定表达方案,可按装配线逐一拼画各零件(先画主要零件,再画次要零件),注意正确运用装配图的规定画法、特殊画法和简化画法。
(3) 正确表达装配工艺结构,注意关联零件间的尺寸应协调。
(4) 在标注尺寸和技术要求时可查阅相关手册或参照类似的装配图。
(5) 方板、紧固轴的尺寸自定。
(6) 螺栓、螺母、垫片和螺钉为标准件,其规格可查阅相关手册。在绘图时,对这些已标准化的零件,其结构、形状不必按真实投影画出,而应根据相应的国家标准所规定的画法、代号和标记进行绘图和标注。

5.2.3 绘制机用虎钳装配图

1. 实训名称

绘制机用虎钳装配图。

2. 实训内容

根据给定的装配示意图(或实物)和成套的零件图,拼画部件装配图。
(1) 装配示意图如教材图 5.38 所示。
(2) 成套的零件图如教材图 5.40 所示。

3. 实训目的

(1) 培养由零件图拼画装配图的能力。
(2) 熟悉零件的装配关系和装拆顺序。
(3) 进一步学习画装配图的方法。

4. 实训要求

(1) 零件图 9 张,固定钳座 1、螺杆 8 分别用 A3 幅面图纸绘出,其余零件图用 A4 幅面图纸绘出。
(2) 手工绘制装配图一张(A3 幅面图纸)。

(3) 读图报告一份。

(4) 熟悉机用虎钳的用途、性能、规格、工作原理。

(5) 了解各零件之间的装配关系、连接方式、装拆顺序和零件的作用及结构、形状。

(6) 了解部件的尺寸和技术要求。

(7) 严格按照国家标准《机械制图》的规定，绘制零件图和装配图，独立按时完成绘图任务。

5. 实训提示

(1) 读懂每张零件图，对照装配示意图，明确机用虎钳的工作原理和每个零件的作用。

(2) 选定表达方案，可按装配线逐一拼画各零件（先画主要零件，再画次要零件），注意正确运用装配图的规定画法、特殊画法和简化画法。

(3) 正确表达装配工艺结构，注意关联零件间的尺寸应协调。

(4) 在标注尺寸和技术要求时可查阅相关手册或参照类似的装配图。

(5) 绘制机用虎钳装配图简易步骤（由零件图拼画装配图）如下。

① 在固定钳座零件图上，按照装配示意图，在主视图和俯视图上依次插入螺杆 8 轴线上的各个零件，如图 5.8 所示。

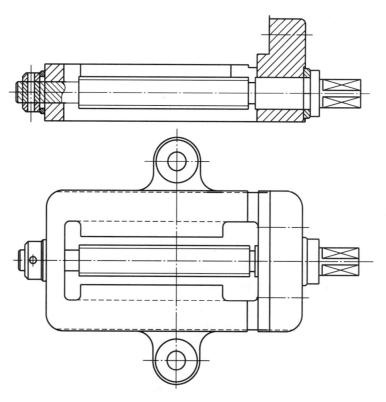

图 5.8　拼装螺杆 8 轴线上的各个零件

② 按照装配示意图,在主视图和俯视图上依次插入螺钉 3 轴线上的各个零件,如图 5.9 所示。

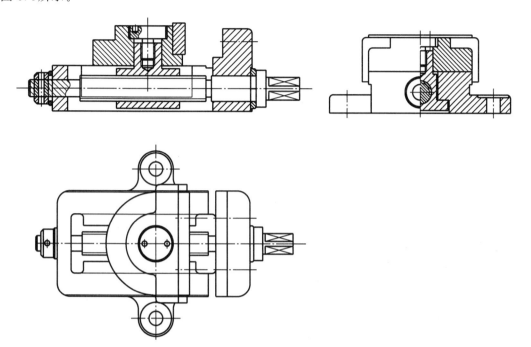

图 5.9 拼装螺钉 3 轴线上的各个零件

③ 插入钳口板 2 和螺钉 10,如图 5.10 所示。

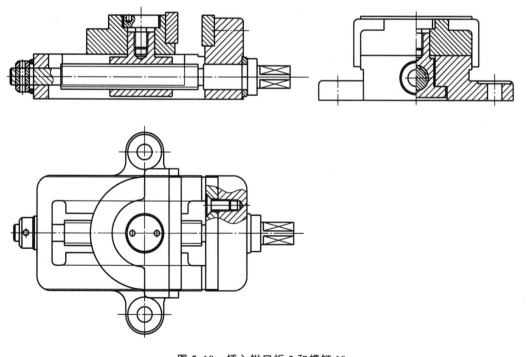

图 5.10 插入钳口板 2 和螺钉 10

④ 标注尺寸。在装配图中只需注出与机器或部件性能、装配、安装等有关的尺寸，如教材图 5.39 所示。

⑤ 给零件编号。编号采用顺序编号法，具体编号请参考教材的有关内容。

⑥ 填写标题栏、明细栏和标注技术要求。最后结果如教材图 5.39 所示。

任务 5.3　由球阀装配图拆画零件图实训

1. 实训名称

由球阀装配图拆画零件图。

2. 实训内容

根据球阀轴测图（教材图 5.21）、装配示意图（教材图 5.24）、装配图（教材图 5.22），拆画阀盖 2 零件图。

3. 实训目的

（1）进一步提高读装配图的能力。

（2）掌握由装配图拆画零件图的基本方法和步骤。

4. 实训要求

（1）用合适的图纸，比例 1∶1，拆画零件图。

（2）读懂装配图，弄清所要拆画零件的结构、形状，重新确定该零件的表达方案，正确、完整、清晰地表达零件。

（3）注全零件图上的全部尺寸，使所注尺寸正确、完整、清晰，并力求合理。

（4）注全零件的表面粗糙度、尺寸公差、形状公差和位置公差等技术要求。

5. 实训提示

（1）根据工作原理和传动路线，弄清各零件间的装配关系和零件的主要结构、形状。

（2）将拆画零件从装配图中分离出来，想象出其结构、形状后，重新确定表达方案。

（3）注意装配图中省略的工艺结构，画零件图时一定要补充完整。

6. 参考答案

阀盖 2 零件图如教材图 5.23(b) 所示。

模块 6

零、部件测绘实训

任务 6.1 测绘齿轮泵泵体实训

6.1.1 齿轮泵泵盖测绘

1. 实训名称

测绘泵盖，绘制泵盖的零件图。

2. 实训内容

根据图 6.1 所示泵盖的轴测图，绘制泵盖的零件图。

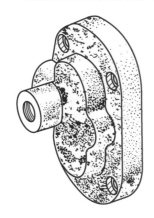 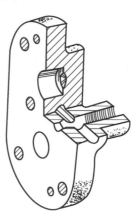

图 6.1 泵盖的轴测图

3. 实训目的

(1) 掌握常用测量工具的测量方法。
(2) 掌握零件测绘的一般步骤。
(3) 能够熟练运用常用测量工具正确进行零件测绘。

(4) 具备测绘零件与绘制零件草图的技能。

4. 实训要求

(1) 用 A4 幅面的图纸，比例 1∶1，绘制零件图。

(2) 弄清所画零件的结构、形状，重新确定该零件的表达方案，正确、完整、清晰地表达零件。

(3) 注全零件图上的全部尺寸，使所注尺寸正确、完整、清晰，并力求合理。

(4) 注全零件的表面粗糙度、尺寸公差、形状公差和位置公差等技术要求。

5. 实训提示

(1) 任务分析。测绘之前，先要了解零件的结构及主要功用，然后测量并标注零件的尺寸，最后绘制其零件图。

(2) 任务实施。

① 了解和分析测绘零件。先要了解测绘零件的名称、材料，它在机器（或部件）中的位置、作用及与相邻零件的关系，然后对零件的内、外结构、形状进行分析。

② 确定零件的表达方案并画草图。先选择主视图，泵盖主视图按工作位置安放，考虑形状特征，其投影方向为与轴线垂直方向，这样可使主视图反映的外形和各部分相对位置比较清楚。然后选择左视图，使用全剖视图表达外部形状特征和各孔布局，用 B—B 剖切表达各孔的连接情况，用 C 向局部视图表达凸缘形状。根据零件的总体尺寸和大致比例确定图幅，画边框线和标题栏，布置图形并定出各视图的位置，画主要轴线、中心线，以目测比例徒手画出图形，如图 6.2 所示。

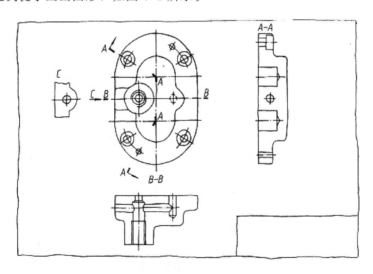

图 6.2 泵盖零件草图

③ 测量并标注尺寸。使用合适的工具测量各部分尺寸，以轴孔作为径向尺寸基准，以泵盖注有表面结构要求 $Ra=3.2\mu m$ 的左端面作为长度（轴向）尺寸基准。测量尺寸并标注在草图上，同时根据零件的作用，提出各表面的表面结构要求、尺寸公差等，并标注在图中。

④ 根据草图画零件图。泵盖是铸件，须进行人工时效处理，消除内应力。未注铸造圆角也应在技术要求中说明。最后填写标题栏，完成零件图，如图 6.3 所示。

6．参考答案

泵盖零件图如图 6.3 所示。

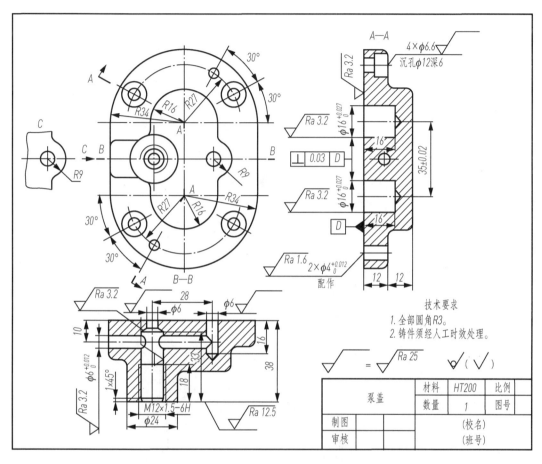

图 6.3　泵盖零件图

6.1.2　一级圆柱齿轮减速器测绘

1．实训名称

一级圆柱齿轮减速器的测绘。

2．实训内容

根据一级圆柱齿轮减速器轴测图、轴测分解图（图 6.4、图 6.5），测绘减速器从动轴 34、箱盖 15、箱体 1 轴测图及零件图。

减速器装配图（主视图）如图 6.6 所示。

图 6.4　一级圆柱齿轮减速器轴测图

图 6.5　一级圆柱齿轮减速器轴测分解图

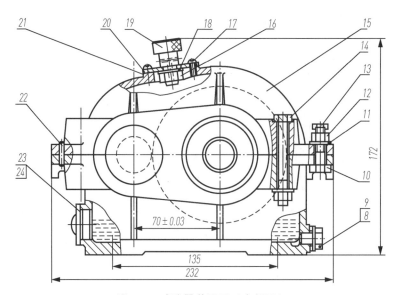

图 6.6　减速器装配图（主视图）

减速器装配图（俯视图）如图 6.7 所示。

减速器装配图（左视图）如图 6.8 所示。

3. 实训目的

（1）进一步提高读装配图的能力。

（2）掌握测绘零件的基本方法和步骤。

4. 实训要求

（1）按零件图大小选用图纸，比例 1∶1，标注必要的尺寸。

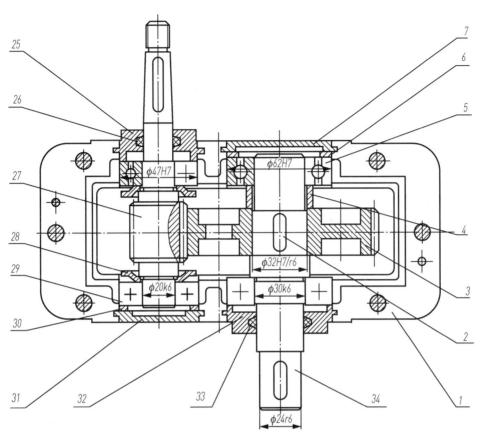

图 6.7 减速器装配图(俯视图)

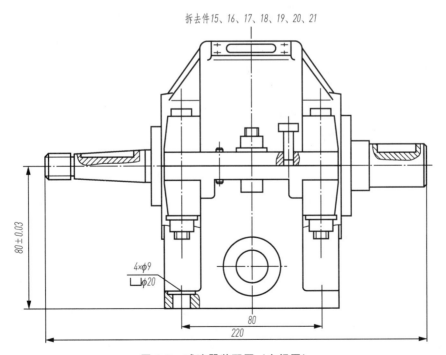

图 6.8 减速器装配图(左视图)

(2) 读懂装配图，弄清测绘零件的结构、形状，重新确定该零件的表达方案，正确、完整、清晰地表达零件。

(3) 注全零件图上的全部尺寸，使所注尺寸正确、完整、清晰，并力求合理。

(4) 注全零件的表面粗糙度、尺寸公差、形状公差和位置公差等技术要求。

5. 实训提示

(1) 根据工作原理和传动路线，弄清各零件间的装配关系和零件的主要结构、形状。

(2) 将测绘零件从装配图中分离出来，想象出其结构、形状后，重新确定表达方案。

(3) 注意装配图中省略的工艺结构，画零件图时一定要补充完整。

(4) 工作原理。

一级圆柱齿轮减速器是通过装在箱体内的一对啮合齿轮的转动实现减速运动的。动力由电动机通过带轮传送到齿轮轴，然后通过一对啮合齿轮（小齿轮带动大齿轮）传送到轴，从而实现减速之目的。

减速器有两条轴系、两条装配线，两轴分别由滚动轴承支承在箱体上，采用过渡配合，有较好的同轴度，从而保证齿轮啮合的稳定性。端盖嵌入箱体内，从而确定了轴和轴上零件的轴向位置。装配时只要修磨调整环的厚度，就可使轴向间隙达到设计要求。

箱体采用分离式结构，沿两轴线平面分为箱座和箱盖，二者采用螺栓连接，这样便于装配和修理。为了保证箱体上安装轴承和端盖的孔的正确形状，两个零件上的孔是合在一起加工的。装配时，它们之间采用两锥销定位，销孔钻成通孔，便于拔销。

箱座下部为油池，内装机油，供齿轮润滑。齿轮和轴承采用飞溅润滑方式，油面高度通过油面观察结构观察。通气塞是为了排放箱体内的挥发气体，拆去小盖可检视齿轮磨损情况或加油。油池底部应有斜度，放油螺塞用于清洗放油，其螺孔应低于油池底面，以便放尽机油。箱体前后对称，一对啮合齿轮安置在该对称平面上，轴承和端盖对称分布在齿轮的两侧。箱体的左右两边有4个成钩状的加强肋板，作用为起吊运输。

(5) 装配图的表达方案。

一级圆柱齿轮减速器的工作位置，选择A向作为主视图的投射方向，如图6.4所示。主视图主要表达各零件间的相对位置，箱盖、箱体主要结构、形状。局部剖视图表达箱盖、箱体、视孔盖、通气塞、油标、放油螺塞等零件间的相对位置及联结关系。

在确定主视图的基础上，俯视图采用过两轴轴线，沿箱盖、箱体结合面剖切的方法，主要表达两轴系上各零件间的装配关系、相对位置等。

左视图基本采用视图来表达，运用拆卸画法不画通气塞、视孔盖、螺钉等，主要表达箱盖、箱体的外形和两轴前后伸出的情况，也可采用局部剖视图表达主视图没有表达清楚的装配关系。

减速器从动轴34零件图及轴测图如图6.9所示。

减速器箱盖15零件图及轴测图如图6.10所示。

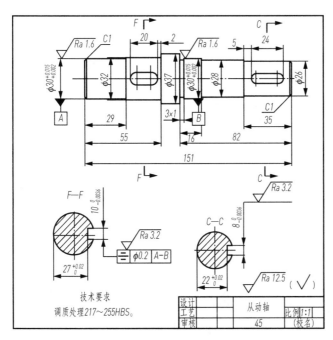

(a) 零件图　　　　(b) 轴测图

图 6.9　减速器从动轴 34 零件图及轴测图

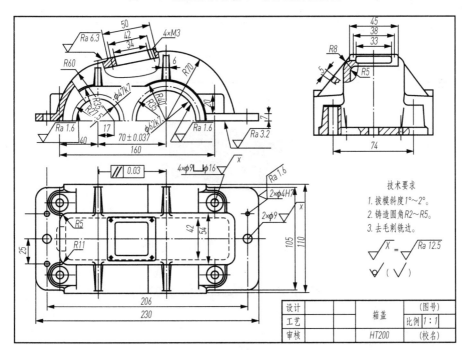

(a) 零件图

(b) 轴测图

图 6.10　减速器箱盖 15 零件图及轴测图

减速器箱体 1 零件图及轴测图如图 6.11 所示。

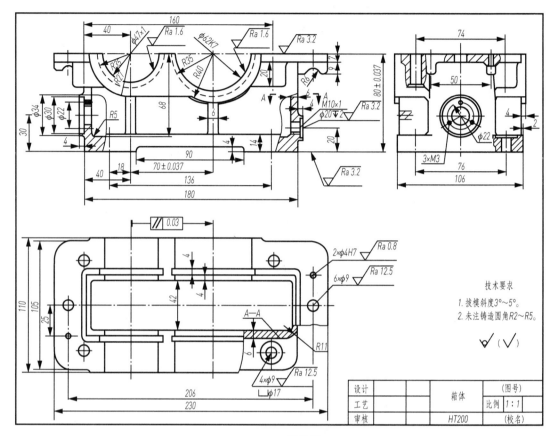

(a) 零件图

(b) 轴测图

图 6.11　减速器箱体 1 零件图及轴测图

任务 6.2　测绘圆钻模实训

1. 实训名称

圆钻模的测绘。

2. 实训内容

根据圆钻模轴测图、轴测示意图（图 6.12、图 6.13）进行测绘，绘制圆钻模装配图。

图 6.12　圆钻模轴测图　　　　图 6.13　圆钻模轴测示意图

【圆钻模轴测图】

3. 实训目的

(1) 掌握常用测量工具的测量方法。

(2) 掌握零、部件测绘的一般步骤。

(3) 能够熟练运用常用测量工具正确进行零件测绘,并能进行简单的部件测绘。

(4) 具备测绘零、部件与绘制零件草图和部件装配示意图的实际技能。

4. 实训要求

用 A3 幅面的图纸,比例 1∶1,测绘装配体"圆钻模",绘制圆钻模装配图。

5. 实训提示

(1) 了解和分析装配体。

要正确地表达一个装配体,必须先了解和分析它的用途、工作原理、结构特点及装拆顺序等情况。对于这些情况的了解,除了观察实物、阅读有关技术资料和类似产品图样外,还可以向有关人员学习和了解。

如图 6.13 所示,圆钻模是一种钻加工专用夹具,加工时把工件放在底座 1 上,装上钻模板 2,钻模板上装有 3 个等分的钻套 3 和衬套 7,钻模板通过圆锥销 8 定位后,再装上开口垫圈 5,最后用特制螺母 6 与螺母 9 同时旋紧,装夹完毕。在钻床工作台上手工移动圆钻模,调整钻套与钻头的相对位置就能钻削了。

工件加工前后的形状如图 6.14 所示。

(a) 工件毛坯　　　　　　(b) 钻孔后

图 6.14　工件加工前后的形状

(2) 拆卸装配体。

在拆卸前，应准备好有关的拆卸工具，以及放置零件的用具和场地，然后根据装配体的特点，按照一定的拆卸顺序，正确地依次拆卸。拆卸过程中，每一个零件都应贴上标签，记好编号。拆下的零件要分区分组放在适当的地方，以免混乱和丢失。这样，也便于测绘后的重新装配。不可拆卸连接的零件和过盈配合的零件应不拆卸，以免损坏零件。

圆钻模的拆卸顺序：先旋下特制螺母6，拿下开口垫圈5，取下钻模板2，拿出工件；再旋下螺母9，取出轴4。拆卸时应注意零件间的配合关系，如钻套和钻模板之间为过盈配合，定位销和底座之间为过盈配合，这两处可不拆卸。

为了使圆钻模拆卸后方便装配复原，在拆卸零件的同时应画出部件的装配示意图，并编上序号，记录零件的名称、数量、传动路线、装配关系和拆卸顺序。

(3) 画装配示意图。

装配示意图一般是用简单的图线画出装配体各零件的大致轮廓，以表示其装配位置、装配关系和工作原理等情况的简图。国家标准《机械制图》中规定了一些零件的简单符号，画图时可以参考使用。装配示意图为专业人员使用，绘制简单，喻意明显，但非专业人员很难看懂。

装配示意图应在对装配体全面了解、分析之后画出，并在拆卸过程中进一步了解装配体内部结构和各零件之间的关系，同时对装配示意图进行修正、补充，以备将来正确地画出装配图和重新装配装配体之用。

圆钻模装配示意图如图6.15所示。

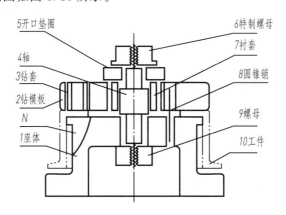

图 6.15 圆钻模装配示意图

(4) 画零件草图。

拆下的零件应逐个徒手画出零件草图。对于一些标准零件，如螺栓、螺钉、螺母、垫圈、键、销等可以不画，但需确定它们的规定标记。

画零件草图时应注意以下3点。

① 对于零件草图的绘制，除图线为徒手完成外，其他方面的要求均和画正式零件图一样。

② 零件的视图选择和安排应尽可能地考虑到画装配图的方便。

③ 零件间有配合、连接和定位等关系的尺寸，在相关零件上应注意尺寸标注相同。

(5) 拼画装配图。

根据装配体各组成件的零件草图和装配示意图可以画出装配图,圆钻模装配图如图 6.16 所示。

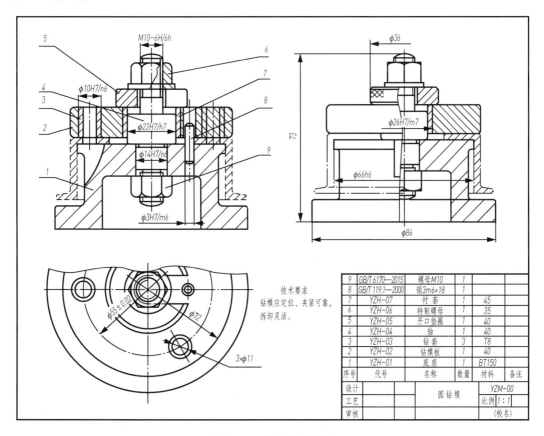

图 6.16 圆钻模装配图

① 拟定表达方案。表达方案应包括选择主视图、确定视图数量和各视图的表达方法。

主视图采用局部剖视图,保留特制螺母部分外形,以此清楚表达部件的工作原理、零件间的装配关系及零件的大致结构。左视图采用半剖视图,能更清晰地表达零件的结构、形状。俯视图采用基本视图或局部视图,能进一步表达部件的整体形象(回转体),特别是 3 个等分孔的特征,只有俯视图表达得最清晰。

a. 选择主视图。主视图一般按装配体的工作位置选择,并使主视图能够反映装配体的工作原理、主要装配关系和主要结构特征。

如图 6.12 所示,圆钻模主体为回转类结构,垂直分布,且前后对称,上方特制螺母结构有特殊性。

b. 确定视图数量和各视图的表达方法。主视图选定之后,一般只能把装配体的工作原理、主要装配关系和主要结构特征表示出来,不能把所有的情况全部表达清楚。因此,就需要有其他视图作为补充,并应考虑何种表达方法最能做到易读易画。圆钻模装配图除主视图外,还可增加俯视图和左视图。

② 画装配图的步骤。

a. 根据所确定的视图数量、图形的大小和采用的比例选定图幅，并在图纸上进行布局。在布局时，应留出标注尺寸、编写零件序号、填写技术要求、画明细栏和标题栏的位置。

b. 画出图框线、标题栏和明细栏。

c. 画出各视图的主要中心线、轴线、对称线及基准线等。

d. 画出各视图主要部分的底稿。通常可以先从主视图开始。根据各视图所表达的主要内容不同，可采取不同的方法着手。如果是画剖视图，则应从内向外画，这样被遮住零件的轮廓线就可以不画。如果画的是外形视图，一般则是从大的或主要的零件着手。

e. 画次要零件、小零件及各部分的细节。

f. 加深并画剖面线。在画剖面线时，主要的剖视图可以先画。最好画完一个零件所有的剖面线，然后开始画另外一个，以免剖面线方向错误。

g. 注出必要的尺寸。

h. 编写零件序号，并填写明细栏和标题栏。

i. 填写技术要求等。

j. 仔细检查全图并签名，完成全图。

③ 参考尺寸及配合。

a. 性能尺寸：$3×\phi 11$ mm 为钻孔规格；$\phi 66h6$ 为圆钻模底座上方的外圆直径，是圆钻模的规格，同时也是工件的规格。

b. 配合尺寸：由零件间的装配关系、使用性能选择合适的配合种类及精度等级。配合尺寸可用类比法来选择确定，具体见圆钻模装配图。

c. 安装尺寸：圆钻模只需放在钻床工作台上，所以不需安装尺寸。

d. 总体尺寸：总高 73 mm，底座下方外圆直径 $\phi 86$ mm。

e. 其他重要尺寸：钻套等分圆周直径 $\phi(55±0.02)$ mm、钻模板直径 $\phi 72$ mm。

④ 参考技术要求。

a. 使用性能：钻模应定位、夹紧可靠，拆卸灵活。

b. 精度要求主要由配合精度及零件的形状位置精度来保证。

(6) 测绘装配体成套资料的内容。

① 装配体的装配示意图。

② 标准件明细表。标准件外购比自制便宜，所以只需列出清单由供应部门采购即可，其常用格式见表 6-1。

表 6-1　标准件明细表常用格式

序号	代号	名称	规格	数量	备注
1	GB/T 6170—2015	螺母	M10	1	件 9
2	GB/T 119.1—2000	销	3m6×18	1	件 8

③ 零件草图。自制零件都要绘制零件草图，以便备料、设计工艺及工装设备、安排生产。

④ 装配体的装配图。由装配示意图和零件草图、标准件清单拼绘完整的装配图。

(7) 装配图中配合种类的选用。

① 基准制的选用。

基孔制：一般情况下优先采用基孔制，因为孔难加工。

基轴制：选用基轴制的情况包括一轴多孔，农机、纺机中与冷拔轴配合的孔，直径≤3mm 的细轴，与标准件配合（如与轴承的配合）的孔，特定场合的非基准制配合。

例如，铣刀头中座体与轴承的配合、轴承与轴承盖的配合均为基轴制配合等。

② 公差等级的选用。

公差等级的选用原则为，在满足使用要求的前提下，获得最大的技术经济效益（即在满足使用要求的前提下，选用经济精度等级）。

公差等级的选用常采用类比法，即参考从生产实践中总结出来的经验资料，进行比较选用。

③ 配合种类的确定。

应根据使用要求确定配合种类，若孔、轴间有相对运动要求，必须选择间隙配合；若无相对运动要求，应根据具体工作条件的不同确定过盈、过渡配合，甚至间隙配合。

选定配合种类后应尽量选用优先配合，其次是常用配合。

参 考 文 献

刘力,王冰,2013. 机械制图习题集［M］.4版. 北京:高等教育出版社.
陈意平,王爱君,2014. 零部件测绘［M］. 沈阳:东北大学出版社.
张慧,张安民,陈红亚,2015. 机械制图习题集［M］. 沈阳:东北大学出版社.
陈世芳,2016. 机械制图习题集［M］. 北京:北京大学出版社.